U0045366

科學人文133A

達爾文 與 小獵犬號
物種原始的發現之旅
Darwin & the Beagle

穆爾黑德／著　楊玉齡／譯

by Alan Moorehead

達爾文 與 小獵犬號
Darwin & the Beagle

目錄CONTENTS

達爾文 與 小獵犬號
Darwin & the Beagle

目錄CONTENTS

| 譯者序 |

萬里追蹤巨人腳印

楊玉齡

　　轉到克倫威爾路上，老遠就看到倫敦自然史博物館門前彎出一條長長的人龍，我加快腳步，遞補上長龍尾巴。隊伍移動得很快，不一會兒，我已來到門前石階上，回頭望，人龍長度不減反增，遠處甚至還有許多牽著孩子的遊客直奔而來。很好奇，這許多人最想看的主題是什麼，恐龍？原始人？還是這裡最著名的礦物標本？或許全部都是。

　　至於我，萬里迢迢跑到這來，重點非常清楚：與達爾文有關的一切……

　　學生物的人都知道，達爾文是以自然學者身分，隨英國海軍探測船艦「小獵犬號」（Beagle）環球航行五年，在那期間，悟出天擇演化理論的。演化論扭轉了整個近代生物學的發展方向，對後世影響極為深遠；達爾文也因此被讚譽為「十九世紀全球三大思想巨人之一」（與馬克思及佛洛伊德齊名）。

　　在這關鍵的五年航海期間，究竟發生了什麼事，竟能使一名「課業

成績總在及格邊緣打轉的平庸大學生」，漸進蛻變為引爆十九世紀思想炸彈的巨人？

有關這次航程的各類原始資料，前前後後拖了約一個世紀之久，方才陸續問世，包括達爾文的航海日記、書簡和自傳（達爾文自傳一直拖到1958年才由孫輩編輯發行第一版），以及當代其他人士的著述（例如生物學家赫胥黎、小獵犬號船長費茲羅）等。小獵犬號五年航程的全貌總算於二十世紀中期，呈現在世人眼前。

但是對於一般讀者而言，這些洋洋灑灑的文獻史料著實厚重了些；於是，第二類精簡描繪這趟航程的大眾路線書籍應運而生。其中有兩本最是精緻突出：《達爾文的航程》（The Voyage of Charles Darwin）以及本書《達爾文與小獵犬號》（Darwin and the Beagle）。兩者各有千秋，但是風格路線不大相同。前者由英國廣播公司（BBC）出版，純粹由達爾文觀點來敘事，按照年代，摘錄他本人航海日誌及自傳，很能統一表現達爾文的個人思維；再加上達爾文生就一手好文筆（他被公認可以「靠筆過活」），整本書的可讀性相當高。

不過，論到重現整段航程的真貌，《達爾文與小獵犬號》可就更勝一籌了。

1994年，我到奧克蘭（位於紐西蘭）作客，當時手邊正在翻譯《螞蟻與孔雀》（The Ant and the Peacock），想找些相關書籍來參考。在市立

圖書館架上，看見好幾本《*Darwin and the Beagle*》並擺在一起。同一本書為何要準備這麼多本？因為太重要，還是因為太好看？

借回家，一口氣讀完，深深覺得：兩者皆是。當下決定要向天下文化大力推薦這本書，與台灣讀者分享。

澳洲籍資深記者兼作家穆爾黑德（Alan Moorehead）採全知觀點敘事，資料來源不僅限於達爾文的日誌和自傳（這些資料泰半都在事後多年方才定稿或修刪過，免不了較偏向達爾文晚年的觀點和記憶，風格雖統一，卻無法重現少年達爾文的原貌），也包括達爾文家人、師長以及同船其他夥伴所遺下的資料；最重要的是，穆爾黑德還蒐羅到大批達爾文的親筆信函，內容或許不是那麼深思熟慮，但卻更能精確傳達當事人在各個不同階段的真實情感與想法。

在穆爾黑德簡潔、史料詳實的文筆牽引下，讀者自可追蹤到達爾文在這數萬公里航線中所留下的足印（生理和心理雙方面的）、他的所見所聞，以及他的所思所想。

另外，本書的圖片編輯水準非常高段，幾乎所有書評都不曾遺漏這一點。書中大批精采歷史圖片借調自世界各地公有或私人珍藏，許多甚至是當年船上組員的親筆繪作。透過它們，讀者幾乎可以在腦海中看到這條小船的整個航行過程，極具臨場震撼力。

譯完《達爾文與小獵犬號》後，意猶未盡，心底升起拜訪他晚年故居「唐恩小築」（Down House）的念頭，想親眼看一看他當年坐過的沙發、躺椅，想親自走一走他每天散步踏過的花園小徑；聽說在倫敦自然史博物館中，有許多關於達爾文故居的資料……

故事開頭並沒有石破天驚的不凡架勢。我們的主角達爾文以「歡樂、平庸的大男孩」面貌登場。和世人印象中作深思狀的老學者截然不同，這個達爾文是劍橋大學生，熱愛騎馬、狩獵、宴會，課外活動不斷，課業卻只在及格邊緣上打轉，怎麼看都只是個校園庸才；但是，「他只在一件事情上與常人不同，那就是他對於自然史學擁有一股完全自發的強烈興趣。」

然而，就因為這一點不同，使他有機會登上小獵犬號；使他有機會在航程期間由業餘自然史學愛好者，蛻變為嚴肅的生物學者，進而蘊釀出科學史上光芒萬丈的演化論。

達爾文的運氣是不是太好了？

也是，也不是。

他的機運看起來是很不錯，但是我們不能忽略一點：他早在參與小獵犬號航程之前許久，就已經開始採集自然界裡的花草蟲石；換句話說，他事先為這趟機運已作了十來年的預備工夫，完全不是僥倖得來。

出航後，更令人驚訝的是：原來達爾文的體質天生會暈船，而且一

暈就是五年，始終是個「陸地人」。不難想見這五年航程裡，他在生理上有多難受。但他終究忍了下來（他有權隨時離船返鄉），不只忍下來，而且航程中每到一站，他都賣命工作，採得無數珍奇標本，記下諸多奇景見聞。他始終不以自己的工作狂態度為怪，反倒對船上兩名受不了嚴格紀律而開小差的水手，「打從心底覺得迷惑」。

就在歷經一趟又一趟苦行僧般的野地採集旅程後，演化論的雛形方才逐漸凝聚出來。假使他受不了暈船之苦，早早打道回府；假使他雖然堅持下來，卻是抱持遊山玩水的旅人心態度過這段航程；那麼，演化論也不可能出現在他腦海中。所以，這也不是出於幸運和偶然。

如果真要說達爾文有什麼特別幸運之處，在我看來，生逢其時大概要算是他最幸運的一點。在他那個時代，教會思想剛剛開始鬆動，而動物、地質、古生物等學門又都各自具備相當進展；可以說，當時演化論的出場時機已接近成熟，差別只在於誰先搶到「臨門一腳」的位置。本書中，讀者可以清楚看到達爾文是如何踏著萊伊爾、洪堡等前輩學者的理論根基，加上自己的耕耘，率先搶得這個位置。

如果世上沒有達爾文，演化論是不是還會出現？

由於達爾文的猶疑不決，把演化論窩藏了二十多年不敢發表，我們今天才能由華萊士身上，驗證上述問題。這名半途殺出來的華萊士，不曾參與英國海軍部測量船，也不曾隱居鄉間大宅深思二十多年，但是卻能提出非常雷同的理論，證明了：當關鍵時機成熟時，許多重大科學突破都是

遲早的事，不一定非得經由某人或某種過程不可。科學創作擁有殊途同歸的彈性。

世上如果沒有達文西，肯定不會有「蒙娜麗莎的微笑」；但是，世上如果沒有達爾文，還是會有華萊士或其他人提出演化論的。這是科學創作和藝術最大相異處：科學創作擁有殊途同歸的極大彈性。

從這個角度來看待達爾文蛻變成科學大師的點滴過程，不知有志獻身科學的年輕朋友，是否更易興起「有為者亦若是」的豪情壯志！

進得博物館大廳，我依指標上到二樓。遠遠看見長廊轉角盡頭處，陳列著一幀黑白照片，世人最熟悉的達爾文造型：白鬢、黑袍、面容憂戚……

除了達爾文個人的歷練成長外，本書還有另一條很重要的人文主軸：達爾文和船長費茲羅之間的關係。

對於這條支線，穆爾黑德的處理手法顯然要比知名科學家兼科普作家（兼馬克思主義者）古爾德（Stephen Jay Gould）詳盡、高明得多。古爾德在《達爾文大震撼》（*Ever Since Darwin*）中，把兩人關係定位為「統治者與被統治者」，實在太過主觀和簡化（這或許和他的馬克思階級對抗本能過強有關）。事實上，費茲羅並不只是一個「跩得二五八萬的貴族船長」，他還是一名情緒暴起暴落的躁鬱症受害者；而達爾文更不曾長期扮

演「陪船長吃飯、忍氣吞聲的小可憐」角色，他的脾氣可硬著呢，兩人衝突，幾乎每一次都是費茲羅的態度先軟化。

五年航程裡，達爾文和費茲羅之間的友誼互動以及態勢消長，其實非常微妙、動人。

一開場，我們可以清楚看見這兩名年歲相近的青年是如何的一見如故，尤其是達爾文對費茲羅，簡直崇拜得五體投地，不斷在一封封的家書中叨唸「船長是多麼多麼的優秀」云云，非常類似青少年時期的偶像崇拜情緒（這部分在他晚年自傳中，只剩下清描淡寫兩三筆）。

然而，隨著航程開啟，作者不用多作解釋，讀者自能從一樁樁的實例中，看出達爾文對心目中的偶像日益失望，兩人間的氣勢也開始逆轉。這時，達爾文性格上的優點逐漸顯露出來：樂觀、隨和、認真、執著。在同船夥伴間，他人緣奇佳；在專業領域上，他逐漸培養起獨立的行為及思考能力。

反觀費茲羅，雖然個性義勇慷慨（曾冒生命危險援救老友，而且也經常慷慨解囊）、才智過人（一等一的航海高手兼氣候預測專家）、家庭背景也很良好（無可否認，在十九世紀初期的英國，這點仍是成功的要素之一），但是由於性情僵硬、古怪，終於使得他和達爾文及其他船伴間的關係日漸疏離。

同樣的，費茲羅和頂頭上司英國海軍部之間的關係也沒處理好，雖然他工作勤奮（律己程度不輸達爾文），在航海氣候預測及南美海岸地圖

繪測方面也很有建樹，卻始終沒能博得應有的掌聲與榮譽，最後以自殺悲劇終結。

　　簡單地說，費茲羅一生主要敗在性格因素上。與其說他是封建制度下的惡船長，不如說他是天生的悲劇人物。就這條主軸而言，達爾文和費茲羅天差地遠的結局，倒是非常吻合近年風行的「EQ重要性不遜IQ」理論。

　　果然，就在達爾文照片旁，有一塊櫥窗專門介紹達爾文故居，它的地點、交通、展示物件……等等；文末有一行附加小字：唐恩小築目前正在進行修護工作，將於1997年春天重新開放。

　　心頭一沈，這麼說來，這趟倫敦行終是未能踏到達爾文的足跡？

　　我在櫥窗前呆站了好一會，直到漸漸克服心底的巨大失望情緒，方才舉步踏進物種原始陳列館。

　　　　　　　　　　　　　　　　　　　　——1996年8月於倫敦

左圖為費茲羅船長晉升為海軍中將後的肖像，繪製者為藍恩（Francis Lane）。
右圖是達爾文的水彩肖像，瑞奇蒙（George Richmond）繪於1840年。
兩人搭乘小獵犬號的五年航程，最後成為「物種原始」的源頭。

1831年

在環繞達爾文（Charles Darwin, 1809-1882）的諸多奇聞軼事當中，有這麼一則：他看起來真是像極了那類因為碰上一次好運，事業便意外蓬勃開展的幸運兒。

因為在那次好運之前的二十一年當中，他的表現幾乎乏善可陳，並未展現出任何過人長才；然而，突然間，一次機會降臨，原本事態發展可好可壞，但是他的好運接踵而至，或許該說一連串的好運接踵而至，於是，他從此一飛衝天，再也不回頭。

整個過程看起來是這麼的理所當然，彷彿前世注定；然而事實上，在1831年時，全英國沒有一個人，當然也包括達爾文本人在內，對於橫亙在他面前即將開展的不凡前程有絲毫的預感；同樣的，多年後，人們幾乎也完全無法從達爾文中晚年鬱鬱寡歡、孱弱多病的形貌中，辨認出當年那個歡樂無憂、即將展開畢生最大壯舉「小獵犬號航行」的年輕人身影。

幸運兒達爾文

當時事情進展得太快了，以致連達爾文自己都不太搞得清楚狀況。1831年9月5日，他奉召到倫敦去面見英國艦艇小獵犬號（HMS Beagle）的船長費茲羅（Robert FitzRoy, 1805-1865）。英國海軍部將派遣小獵犬號進

行環球遠洋航行，而達爾文則可能擔任這趟航行的自然學家。

　　這個主意真有點令人驚訝。達爾文當時年僅二十二歲，從來沒見過費茲羅船長，而且就在一週之前，他壓根兒連小獵犬號的名字都沒聽說過。他的少不更事，他的缺乏經驗，甚至連個人背景，幾乎全都對他不利；然而，縱然有這許多不利之處，他和費茲羅卻是一見如故，這項任命案也因此而敲定。

　　費茲羅告訴他，小獵犬號是一艘很小的船，但是性能很好，他對這艘船瞭如指掌；他曾奉命駕駛她完成上一回的南美洲航行，把她完好如初地駛回英格蘭。現在，她正停泊在普利茅斯港，進行全面大翻修。

　　此外，小獵犬號的組員也是一流的，其中不少人從前和她出航過，此番自願參與這趟新航程。組員們肩負了兩大任務：首先，他們得繼續繪製南美洲海岸線地圖；再來，他們要藉由觀察航位及相對航行時間的估算，得到更為精準的經度數值。

　　該船預計在數週後啟程；他們此次遠行將超過兩年，搞不好甚至長達三或四年，但是達爾文有權隨時離船，返回家鄉。他將擁有大把上岸的機會，而且這趟航行中，他們會經歷許多驚險刺激的事物，像是探測未知的河流和高山、走訪熱帶珊瑚礁島嶼，以及遠航向南極凍原等。

　　哇，這一切簡直太棒了。「人生確實有所謂潮起潮落，」達爾文寫信給姊姊蘇珊說：「而我總算親身經歷到了。」

　　他的運氣真是好得出奇。首先，他和費茲羅能夠相處得這麼融洽，幾乎太不可能了；事實上，無論就先天個性或後天訓練來看，在英國，恐怕再難找出兩個人比他們差異更大的了。

　　他倆幾乎在每一件事情上都相衝突。達爾文是上流社會的自由黨人，但是費茲羅卻是如假包換的貴族和保守黨人。達爾文的父親羅伯特・達爾文（Robert Darwin）是鄉村醫師（應該說是一名非常成功的鄉村醫

（左圖）達爾文的祖父；圖片摘自《植物園誌》（*The Botanic Garden*）的書卷首頁。（右圖）達爾文的父親；「他的性情鮮明、急燥，對於周遭人生活裡最微小的瑣事都抱持著極大的興趣。」[CD]（注：圖說中出現的A、L、J、N、CD表示引言出處，請參閱書末〈圖說引言出處〉的說明。）

師），而且他的祖父伊拉茲馬斯‧達爾文（Erasmus Darwin）也是一位醫師，不但在醫藥本業上大大有名，使他名利雙收，而且他所寫作的有關科學及演化的詩文也是舉世聞名。

反觀費茲羅，他的先人是英王查理二世和薇莉亞（Barbara Villiers，也就是克里夫蘭女爵）的私生子，而且費茲羅的父親（Lord Charles FitzRoy）也是一位爵爺，祖父則為葛拉夫頓公爵（Duke of Grafton），同時還有一位舅舅是凱塞瑞子爵（Viscount Castlereagh）。

貴族船長費茲羅

費茲羅生來就一副貴族派頭。他的臉上顯露出傲氣和威儀，表情高高在上，雖然體形有些單薄，但是他的神態舉止卻在在顯示出這是一位習慣特權的人物。

費茲羅和達爾文不同，打從十四歲進入英國皇家海軍學院起，他就被視為一位能力卓越的海軍軍官，曾經歷過最最嚴格、艱辛的訓練。雖然在他那個時代中，傑出人才（尤其是那些大有來頭的人物）往往能及早獲得晉升，但是年僅二十三歲便能全權負起小獵犬號的南美洲航程，仍然算是一樁極不尋常的事。

不過費茲羅很喜歡權威。他的價值觀都很固定，他的是非觀念黑白分明，人很聰明，也受過良好的教育，完全不容許任何懷疑主義以及含混不清的論調。那時，他已經是一個非常虔誠的信徒，對於《聖經》上的每句話都深信不移，而且這些精神上的信念全都轉化到實際生活中來；在甲板上，他是位紀律嚴明的長官。他還附帶著其他相關特質：很勇敢、很機智、很有效率，同時也很正直。

然而，他的性格裡還藏有另外一面；在這個緊繃的外表下，存有一股強壓下來的擾動不安，一種對所缺事物（也許是溫暖與熱情）的渴求，這種渴求不時的會藉由慷慨豪舉以及誠心追悔等舉動透露出來。這樣的天性，沒有妥協的空間，沒有可供調節鬆緊的地方，沒有真正的耐性；因此，他的心情不斷擺盪在沮喪和高昂之間，而且在他初識達爾文之時，他已無力抗拒自身的躁鬱症傾向。也就因為這種傾向，在三十四年後，他以自殺終結一生。

當達爾文遇上費茲羅

當他們初次會面時，費茲羅的態度略嫌冷淡。費茲羅是一個心高氣傲的小伙子。他早聽說達爾文是自由黨人，而且就在達爾文踏進房間的當兒，費茲羅已經有點討厭他了，尤其是達爾文的鼻子；長了這種鼻子的人，一看就不像是能熬得住環球航海艱辛生活的人。

然而，達爾文身上那股與生俱來的輕鬆、熱忱勁兒，卻把所有的僵

（左圖）費茲羅在二十多歲，接近三十歲時的模樣。「他長得相當英俊，舉止極為彬彬有禮，是一位標準的紳士……」 A （右圖）年輕時的達爾文。他倆會晤之後，費茲羅寫信給英國海軍部官員：「我非常欣賞他，現在我想請您批准，讓他以自然學家的身分隨我出航。」

冷氣氛一掃而空；在會談結束前，費茲羅已經開始要求他不要急著答覆願不願意去，而且還一再向他保證大海並沒有多麼可怕。費茲羅彷彿知道他正和一位了不起的青年打交道似的，這名青年或許有點天真，有點嬌生慣養，但絕對很有才智。問題是，他夠不夠強壯？等他們出海後，他會不會撐不下去？

至於達爾文這邊，則對費茲羅深深著迷。在那之前，他從未遇到過這等人物，擁有如此完美的儀態，如此沉靜的力量與威嚴，同時又能如此善解人意，簡直就是集所有優點於一身的理想船長模範。不難猜想，達爾文當時一定也很清楚地感覺到費茲羅心底的疑慮：擔憂這份工作對達爾文來說會不會太過沉重。這是一項挑戰。達爾文打定主意要接受這份工作，他要在這位不凡人物面前，展現自己的能耐。他絕不能令對方失望。

充滿活力的年輕人

這次會面決定了這趟航程，而這趟航程最後成為發現「物種原始」的源頭，也成為眾多顛覆人類生活想法的根基。現在且讓我們回溯到更早，看一看達爾文在這趟會面之前所過的生活方式。我們不妨先暫時忘掉你我心目中所熟悉的達爾文形象：一名神色憂戚、裹著斗篷的老翁。且回到1831年，他剛剛獲得劍橋大學文學士的模樣。

假設你我正置身劍橋基督學院可愛的庭院中，那麼我們很可能會撞見他騎著馬從狩獵中歸來：身材修長，穿著紅色外套，談不上英俊，但絕對是個外表討喜、頂好看的青年；梳理得宜，額頭寬廣，棕色的眼睛坦率而友善，還沒有蓄鬚（不過已經有一些腮幫鬍了），此外，他身上還有一股屬於經常在戶外活動的二十二歲大男孩的清新氣質。這時，馬伕迎上前去，替他把馬牽進廄裡，而他則快步衝上一小段石階，回到位在二樓的房間。那是一間寬敞方正、有鑲嵌窗戶的房間，裡面還有一座大壁爐可供冬日取暖之用。

當時，基督學院以「馬術精嫻」聞名，這對年輕的達爾文來說，真是再適合也沒有了，因為他一向熱中騎馬和射擊。他常常在房間裡對著鏡子舉槍，練習射擊技術，或者當他主辦聚會時，要求友人晃動點燃的燭台，然後他再用空包彈擊滅燭火。在這類聚會上，當然少不了要喝酒（他同時也是「老饕俱樂部」的會員），而他們通常都是以幾首曲子或是撲克牌戲二十一點，做為聚會的壓軸。

總之，這個房間實在不是一個勤奮學子的房間，「我過關了！過關了！過關了！」他在勉強通過考試後，既安慰又驚訝地這樣大聲嚷道。他並不特別虔誠，卻準備進入教堂擔任鄉村牧師，這在當時也不算是件稀奇事，許多富家子弟都是這麼做的；對於富人來說這是一個崇尚風雅的年

劍橋大學基督學院。「論到學術研究,我在劍橋那三年期間完全是虛度光陰,就像我以前在愛丁堡大學以及中學時期一樣。」[A]

代。人們都注意到達爾文非常受人歡迎,「不論是早餐桌上、酒會或晚宴上,」他後來的一位朋友這麼寫道:「他永遠是最快活、最有人緣也最受歡迎的成員之一。」像這類聚會,賓客有時會超過六十人以上。

當時,達爾文身體很健康,舉止有點兒羞澀,但是卻滿懷熱誠,同時他對於自己身處的世界也毫無懷疑;他很享受這種生活,也不願意去改變它。

熱愛一切野外事物

他只在一件事上與常人不同，那就是他對於自然史擁有一股完全自發的強烈興趣。野外一切事物都令他著迷。花朵、岩石、蝴蝶、鳥雀和蜘蛛——這些都是他從童年時代就開始採集的對象，而且他對採集標本的專注程度，只有在最最痴迷的業餘愛好者或是不折不扣的自然學家身上才看得到。

在他與費茲羅會面那段期間，甲蟲是他的最愛，他的房間裡堆滿了甲蟲標本匣。有一天，他在一片樹皮上看到兩隻罕見的甲蟲，就把牠們雙雙逮起來，兩手各抓一隻；接著，他又看到了第三隻甲蟲，那是他從沒見過的新種，絕對不能放過。於是為了要把右手騰出來，他竟把一隻甲蟲放進口中。不料那隻甲蟲立刻噴出一股苦澀、灼燒般的液體，迫使他不得不張口吐出甲蟲，然而事後他在乎的只是痛失了兩個寶貝標本而已。他甚至還雇用過一名助理來幫他蒐集標本，後來他發現這傢伙竟然背著他，把最好的標本轉給另一位甲蟲專家對手，他勃然大怒，嚷著要把這名助理踢下樓去。

話說回來，達爾文對於採集標本、狩獵、射擊這些應當是嗜好或娛樂之類的玩意兒都十分狂熱；而人生裡頭的真正事業，像是和課業有關的正經事，卻非常痛恨。例如數學，他就一竅不通。「我猜你正埋在數學堆裡達兩噚之深，」他寫給一位沒有回信的朋友：「如果真是這樣，那麼求主保佑你吧，因為我的處境也是一樣，唯一不同的是，我很快就會直接陷到水底泥堆中，而且恐怕也只能待在那兒了。」至於擔任神職人員，其實私底下他頗懷疑自己是否真的適合教會工作。

不過，他在劍橋的一位教授韓士婁（John Stevens Henslow）就身兼牧師以及植物學教授雙種身分。韓士婁非常鼓勵他發展自然史方面的興

（左圖）由庭院角度看過去的劍橋基督學院。（右圖）韓士婁教授；「他絲毫不具任何虛榮或瑣碎脾性；而且我也從沒見過像他這樣不考慮自己或切身事務的人。他的脾氣好得不得了，舉止迷人有禮。」[A]

趣；他邀請達爾文參加他那著名的周五晚間討論會，而且也曾帶領達爾文進行植物學的徒步之旅，或是劍河泛舟之旅；他甚至力勸達爾文去修習地質學，這個學門韓士婁起初自個兒都敬畏三分。在劍橋就讀的最後一年裡，達爾文竟是以「和韓士婁走在一起的那個人」而著稱。

　　沒有理由，達爾文一旦當上鄉村牧師後，就得放棄採集標本以及運動方面的嗜好。

家世背景響噹噹

　　即使就家庭背景來說，達爾文也是名幸運兒。他祖父雖然稍具爭議性，但依然是位頂受尊敬的人物；他曾經研究過演化思想，雖然從沒得出任何結論。柯立芝（Samuel Taylor Coleridge，英國詩人兼哲學家）甚至創造了一個新字「達爾文式」（darwinising），專門形容他那堆大膽理論。在他祖父看來，所謂傻瓜，就是那些「一輩子都沒做過實驗的人」。達爾文的祖父是伯明罕一家名叫「月亮俱樂部」（Lunar Club）的科學社團成員之一，這家俱樂部的宗旨在於發明任何新鮮事物。很自然，他們博得「一群瘋子」（The Lunatics）的綽號。

　　達爾文的父親也同樣投身醫學，而且還在舒茲伯利開業，做得非常成功。在那兒，他蓋了一棟華宅蒙特莊園，可俯瞰塞汶河。

　　達爾文有一點畏懼父親。父親是個彪形大漢，身高約一百八十八公分，體重將近一百四十九公斤，而且個性相當獨裁；他的家人常說，每當黃昏時分他一踏進家門，簡直就像漲潮的時刻到了。但是達爾文還是很敬愛他。許多年以後，當達爾文垂垂老矣之時，他對女兒說，他覺得父親在他年輕時對他並不很公平，但後來父親的慈愛，足以彌補以往的一切了。

　　近年有人推測，達爾文面對父親時的那股自卑感，很可能影響到他的人格發展，而且達爾文晚年時期的孱弱多病，也是源自那股焦慮以及孩童般的無能感。這種推論似乎很難令人信服。

　　沒錯，達爾文的母親在他八歲時就過世了，但是他那三個姊姊可都對他寵愛有加，她們照顧他長大成人。事實上，達爾文是個很野的小男孩，因為在他的回憶裡，他總是等著挨卡洛琳姊姊的斥責，並盡量使自己

舒茲伯利的英吉利橋，橫跨於塞汶河上。

「固執不屈」，以免為姊姊的責罵所動。

　　在八歲大的時候，他就已經開始熱愛園藝以及田野中看到的各種動物，多年後，他曾回憶寫下自己在十歲左右的快樂生活：「起風的日子，我獨自沿著海灘散步，一邊看著鷗鳥和鸕鶿用一種野生、不規則的方式，返回窩巢。」

　　再來，還有舅舅家可去。他的舅舅威基伍德（Josiah Wedgwood II, 1769-1843，小名喬斯）出身英國陶藝名家，住在一棟名叫梅廳的華麗大宅中，距達爾文家僅三十公里路左右。達爾文老愛騎著馬晃到那兒去，而他也永遠是舅父威基伍德、舅母貝茜以及他們四個女兒（尤其是愛瑪）最歡迎的客人。這是一棟配備齊全的鄉間華宅，馬車、馬伕一應俱全，秋天射松雞，冬天到野外打獵，晚宴和華服更是不可或缺。此外，這兒還充滿了

達爾文的母親蘇珊・威基伍德（圖中騎馬的女士）、她的弟弟喬斯（中央騎馬的男孩）以及家人。他們的父親威基伍德（Josiah Wedgwood, 1730-1795）為 Wedgwood 陶磁創辦人。

知性氣氛，使得達爾文稍後得以把握住一個大好良機。

校園裡的庸才

當然啦，他的學業始終不太理想，成績總是低於平均標準。因此，生物學家朱里安‧赫胥黎[1]說的可能沒錯，若按照今天的標準，達爾文是永遠進不了大學的。

在他就讀舒茲伯利當地的學校時，師長們曾試圖把各種典籍灌進他的腦袋，但都沒有成功，於是他又被送到愛丁堡大學去學醫，卻依然失敗；別的不提，光是鮮血淋漓的場面他就受不了了。事後他倒是相當後悔，自己竟然為了怕見血光，而沒有認真學習解剖學。

不過，他還是參加了傑米生（Robert Jameson）的地質課，雖然他覺得這個課程很無聊，但是透過傑米生，他卻認識了一位非常熱中自然史的博物館館長。所以，達爾文能夠比蒲林尼學社（Plinian Society）更早看到一篇有關顯微海洋動物的文章；並且還從一名追隨探險家華特頓（Charles Waterton）旅行的黑人那兒，習得填充鳥類及動物標本的技術。

但是這一切都成為過去；他父親要他放棄讀醫，改進劍橋大學。不過就算他是在劍橋浪費時間，學到的東西不多，至少他過得很愉快；最起碼，到了1831年的時候，他口袋裡已經多了張文憑，而且還有一段快樂的夏日假期在等著他。「仲夏時分，前往士洛普夏來做點兒地質調查，」他在日記裡這麼寫道。

然後，他和另一位新認識的科學同好，劍橋大學地質教授塞吉威克（Adam Sedgwick）一道赴威爾斯旅遊。他們很愉快地消磨了好幾週，一

1　譯注：朱里安‧赫胥黎（Julian Huxley, 1887-1975）的祖父湯瑪士‧赫胥（Thomas Henry Huxley, 1825-1895）是與達爾文同時期的生物學家，也是達爾文的主要支持者（見第267頁）。

劍橋大學地質學教授塞吉威克,達爾文曾經形容他是一名「言論巨人」。

邊探討岩石的形成,一邊研究鄉間地圖,直到8月29日,達爾文才返回舒茲伯利老家。

這時,他由父親及姊姊那兒得知,韓士婁寫了一封信給他(這封信很顯然已被人拆開看過了)。信封中附有另一封來自皮柯克(George Peacock)的信函,皮柯克是劍橋大學的數學兼天文學教授,當時正負責向海軍研究調查船推舉合適的自然學者;信函中,他出人意料的推薦年輕的達爾文,擔任英國海軍部小獵犬號上的自然學者無給職。

好事多磨

這真是太意外了。達爾文從來沒有把自己看成是一名道地的自然學家，一名專業的自然學家，甚或是真能勝任科學工作的人；他原本預備去當牧師的。

然而，這個古怪的建議實在太適合他的計畫了。獵完松雞後，他真心期待能在接受神職前，先來一趟加納利群島（Canary Islands）之旅。那麼，何樂不為？達爾文很想接受。韓士婁更是大力鼓吹他應該這麼做，因為向皮柯克推薦達爾文的人正是他。韓士婁本人都差點接下這份工作，達爾文向姊姊蘇珊透露，只是因為「韓士婁夫人露出一副淒慘的神情，使得韓士婁只好馬上打消此念。」

達爾文的父親頗不以為然。他認為這是一個瘋狂的計畫──達爾文已經有過放棄習醫的紀錄，現在竟然又想逃離神職；再說，他並不習慣航海生活，而這個計畫起碼必須遠航兩年，他會過得很辛苦；等他航海歸來，恐怕永遠沒法安頓下來，這將會有損一個正統牧師的名譽；更何況，在達爾文之前，這份職位一定曾考慮過其他人選，而這些人之所以會拒絕它，必定是因為其中有些不妥之處。總而言之，這是一椿沒有價值的工作。

不過父親並沒有絕對禁止達爾文接受這項任務，但是他堅持一個條件。他說：「如果你能找到一位有學識、也會勸你去航海的人，我就會答應。」

達爾文沒有爭辯的餘地。父親的津貼（他在劍橋花費已經用得太兇了）就是他唯一的收入，而且就算達爾文在潛意識裡或許會想逃離父親，但他其實從來不敢妄想反抗父親的權威。不甘不願的，他也只好寫信給韓士婁，說自己不能去。

舅舅大力相助

不過，還好獵松雞季節就要開始了。寫完信第二天，他便騎馬上舅舅家去，準備迎接射獵大會登場。

威基伍德和姊夫羅伯特·達爾文很不相同，他是一個機敏靈活又富幽默感的人。他的宅第梅廳氣氛愉悅迷人，賓客川流不息，而且總會有些趣事發生——這點和蒙特莊園大不相同，在蒙特莊園，羅伯特所擁有的壓倒性權威凝聚出一股肅穆氣氛，投射在全家人身上。因此，威基伍德舅舅便成為達爾文逃避父親的法寶。達爾文曾隨舅舅暢遊蘇格蘭、愛爾蘭和法國，而且一直很信任舅舅，所以這時便把小獵犬號的工作機會以及自己不得不拒絕的事情，全盤托出。

威基伍德完全不贊成羅伯特的想法。他認為這真是一個天大的好機會，不應該回絕掉。他叫達爾文開列一張清單，寫下他父親反對的理由，然而，他針對每一點都提出了解釋。這麼一激，達爾文決定要再和父親協商一次。他寫了封信給父親，措辭委婉：「敬愛的父親：我恐怕又要再度惹您不高興了……在我以及威基伍德家的所有人看來，這份工作的危險性並沒有太大。花費也不算太昂貴，而且我不認為，它會比我待在家中更浪費時間。如果在我出發後的短期內您依然覺得不快，我只能請您千萬不要以為我是在太想去的情況下，衝動前往……」

寫完並送出這封信後，達爾文的心思就回到次日即將來臨的樂事上頭。次日一大早，用過早餐，做完家庭禱告後，他便帶著獵槍和狗兒出獵去。然而才十點鐘，他舅父便要僕人捎個信息給他，指出小獵犬號的工作機會實在太重要了，不容隨意擱置；他們必須馬上駕車一同回到蒙特莊園，去說服他父親回心轉意。

威基伍德堅持這樣做的背後，可能還有另一個不便啟口的原因。我

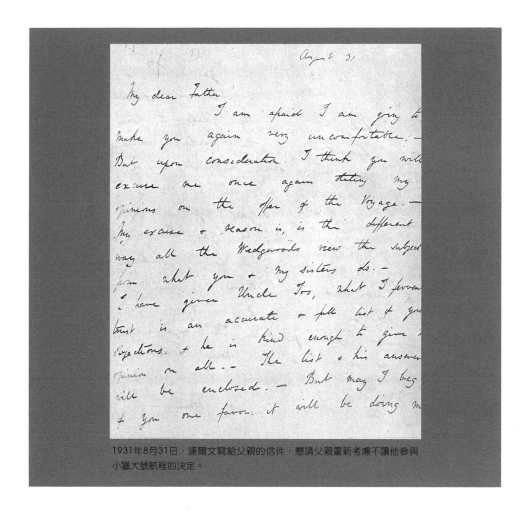

1931年8月31日，達爾文寫給父親的信件，懇請父親重新考慮不讓他參與小獵犬號航程的決定。

們很難判斷達爾文在那個時候到底有多喜歡他的女兒愛瑪（Emma），但是毫無疑問，那分好感當時已經存在了，而且女孩們的家人必然會想到，將來達爾文很可能想娶其中一人為妻。因此，威基伍德也很可能會在心裡嘀咕：這個小伙子真該多增長些見聞，以證明自己確實夠資格追求佳人。

　　無論如何，就從這一刻（達爾文一生中的轉捩點[2]）開始，事情的演變愈來愈快。

2　原注：達爾文深知舅舅這項果斷行為的重要性。三年後，他寫信給凱瑟琳姊姊說：「當時我的心情像鐘擺一樣不定，我永遠忘不了那天在梅廳放下心來的感覺。」

一抵達蒙特莊園，威基伍德舅舅便逐個提出羅伯特所持的反對理由，並一一加以破解。達爾文對於自己在劍橋大學的浪費習性頗有罪惡感，不禁脫口談起錢來：「上船後，我在用錢上頭一定會精明起來。」他爸爸一聽就反駁道：「據說你『已經』很精明了。」但是末了，羅伯特終於被勸服。這時，大喜過望的達爾文趕忙再送出一封信給韓士婁，聲稱「非常榮幸能擔任這項職務」，以取消上封信函的回絕之意。

現在，他開始著急了，擔心自己可能晚了一步，擔心這項工作已經又派給了別人。於是，在次日（也就是9月2日）清晨三點，他搭上了快遞馬車「神奇號」，兼程趕往劍橋大學。那天晚上，疲憊不堪的達爾文終於到達目的地，住進雄獅旅館，並立刻送了封便箋給韓士婁，詢問對方能不能在次日一大早與他碰個面。

韓士婁有個壞消息要告訴他：另外有一位優秀的自然學家契斯特（Harry Chester），也是這項職務的候選人，一切都得看達爾文能給小獵犬號船長費茲羅什麼樣的印象而定；因為費茲羅早已明白表示過，他只會任用他看得順眼的人——既然他得在整個航程中，與這名自然學家共用一間艙房，這就不能算是一項無理要求。

9月5日，達爾文動身前往倫敦。那天他和費茲羅約好見面，而且，如你我已知，這次會談成功極了。

揚帆之前

在次日又見了一次面，情況還是一樣順利。達爾文寫信回家說道，費茲羅真是出奇的坦率和溫和，費茲羅是這麼說的：「這會兒，你的朋友們想必都會告訴你，世界上最混蛋的莫過於當船長的人。別人要這麼說我也沒辦法，只希望你在判斷我的人格之前，先給我一個解釋與了解我的機會。」

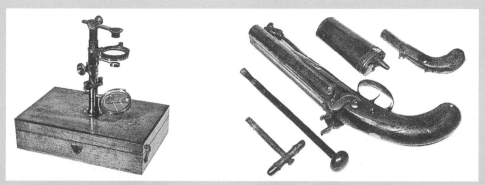

（左圖）達爾文航海期間使用的顯微鏡。（右圖）達爾文的手槍。「他（指費茲羅）強力推薦我購買一組像他那樣的手槍，要價六十英鎊！而且他還建議我，千萬不要帶著未上膛的空槍上岸去⋯⋯」

　　他們的住處空間將會非常狹小，而且船長對於這點也相當坦白：「他立刻問我：『當我想獨處時，我若直接對你說我想暫時獨用艙房，你能忍受嗎？如果這些都沒有問題，我想我們會處得來，否則我們恐怕會翻臉。』」

　　至於花費倒是不大：膳食費一年只需三十英鎊，而整個航程的總花費應該不會超過五百英鎊。不知他姊姊蘇珊是否為了幫他打點行囊，把蒙特莊園的僕人差遣得團團轉？達爾文在給蘇珊信上寫道：「告訴南茜替我準備十二件而非八件襯衫；轉告愛德華，用我的毛毯袋（他可以把鑰匙丟在包包裡，只要先用根繩子拴好即可）送來我的拖鞋、一雙較輕便的步行鞋；還有我的西班牙文書籍、新買的顯微鏡（箱子大約六英寸長，三或四英寸深），顯微鏡裝箱時記得一定要用棉花裝填保護好；我的地質羅盤，爸爸知道它放在哪裡；以及一本小書《標本剝製術》（*Taxidermy*），記得我好像把它擱在臥室。」

　　再來，他還得配備手槍；據費茲羅說，在某些地方上岸不配把手槍是很危險的。不過這些東西他可以在倫敦買到。

　　倫敦城裡到處裝飾著小旗子和瓦斯燈，皇冠狀飾物以及錨狀飾物

1831年9月8日，英王威廉四世和皇后艾蒂蕾德的加冕大典。達爾文以一枚金幣買了一個座位，事後並寫信告訴姊姊，典禮「就好像只有在東正教圖畫書裡才會出現的景象。」

　　等，準備迎接威廉四世的加冕典禮。既然9月8日所有店舖都暫停營業，達爾文也訂了一個座位來觀賞遊行行列，晚上還隨著群眾一起看煙火表演。

　　第二天，他手裡拿著採購單，和費茲羅共乘一輛雙輪小馬車在市區裡逛。城裡交通非常擁擠，馬車在攝政街上幾乎寸步難移。結果證明，費茲羅錢花得可兇著呢，他想都不想就花了四百英鎊添購隨身武器裝備，達爾文在他的大手筆採購刺激下，也掏出五十英鎊來購買一盒「上好的手槍

以及一柄絕佳的來福槍。」

時間實在太緊迫了；他們在10月就得出航。「想到還有這麼多事要辦，我的心都涼了。」同時，他又再度提起費茲羅：「……他實在太令人愉快了。如果我形容出一半我心裡對他真正的讚賞，你們恐怕都會覺得難以置信……。」

9月11日，他們兩人一同前往普利茅斯港，察看當時正停在修船廠裡的小獵犬號。

02
揚帆

「再沒有其他船被裝修和細心維護到這般大手筆的程度……」
小獵犬號在上回航程結束後，已經破爛不堪，所以這番等於是重新打造。
這是史丹利（Owen Stanley）的水彩作品，1841年停泊在雪梨港口的小獵犬號。

1831年9月～1832年4月

達爾文和費茲羅打從倫敦出發，搭了三天的船，到達普利茅斯港。在這三天裡，他們不停交談並探索對方的個性。

達爾文欣賞費茲羅的程度與日俱增，他寫信給蘇珊：「你大概會覺得，我在前幾封信裡頗讚揚我那位十全十美的船長，然而和我現在的感覺相比，前面那些讚揚實在微不足道。每個人都稱許他（不論他們是否曉得我和他的關係），而且事實上，就以我了解他的這一小部分而言，他絕對配得上這些讚美。我倒不是認為，我現在感受到對他的這股強烈激賞能夠一直持續下去；就像古諺說的：沒有人能在貼身男僕眼中維持英雄形象；而我必然也將陷入相同的狀況。」

費茲羅這廂對達爾文也同樣印象良好，只是沒有那股激動；往後他曾在信中以他的方式稱讚達爾文：這正是他要找的人。在這類的航程裡帶著一名自然學家出海，並不算是罕見的事，但是費茲羅還計畫好了另一項特殊目標，一項與宗教有關的任務，而且他趁著與達爾文共赴普利茅斯的大好機會，對達爾文闡釋這件神聖任務。

肩負宗教任務

費茲羅相信，這趟航程將會是驗證《聖經》紀載的大好良機，尤其是〈創世紀〉章節。身為自然學家的達爾文，可能會輕易地找到許多關於

普利茅斯港造船廠大約在1815年左右的景貌,由波柯克(Nicholas Pocock)所繪。

《聖經》所記載的大洪水、萬物在地球上最早出現時刻的證據。如果能從《聖經》觀點來詮釋他的科學發現,貢獻將價值匪淺。達爾文這位年輕的準牧師,聽後大表贊同。當時他和費茲羅一樣,對於《聖經》裡每句話的字面意義都深信不疑,畢竟那是他所接受並喜愛的世界的一部分。

　　如果他真能在這方面有所貢獻,那麼,這趟航程的前景只會更加刺激引人。當然啦,他那時已經承受了來自其他方面的影響。身為伊拉茲馬斯·達爾文的孫子,我們可以猜想到他讀過祖父的某些作品,尤其是著名

的詩集*Zoönomia*，雖說他後來否認自己曾受到那些作品的任何影響。

在劍橋念書的時候，他曾讀過佛來明（John Fleming）的《動物學哲學》、布契爾（William J. Burchell）的《南非內陸遊蹤》、凱德克勞福（Alexander Caldcleugh）的《南美遊蹤》，而且他很可能也知道一些法國拉馬克（J.-B. de Lamarck）和布方（G.-L. L. Buffon）早期所提的演化變革相關理論。

我們知道，他確實曾經念過德國自然學者洪堡（Baron F. H. A. von Humboldt）的作品，而且狂熱到計畫前往馬迪拉群島（Madeira，位於非洲西北外海）的程度，那是小獵犬號事件發生前幾個月的事。此外，洪堡的《個人敘述》（*Personal Narrative*）也是他隨身帶的少數書籍之一。

無論如何，有一點幾乎可以確定的是，在這當兒，達爾文對於未來所要完成的志業，壓根連作夢都想不到。他大概只比中學生成熟一點兒，

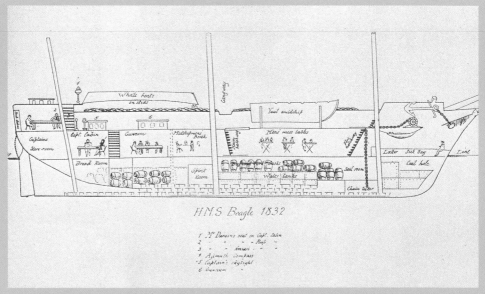

小獵犬號的側視圖。達爾文初次見過這艘船後，便寫信給韓士婁說：「對於空間的極度需求，成為無力克服的噩運。」

滿懷青少年的熱勁。他寫信告訴蘇珊，他開始希望他們能比原定計畫航行得更久、更遠。在給費茲羅的信件中，他提到啟程日期時說：「我的第二生命將從這天展開，而且在我的下半輩子裡，將會把它視為我的生日。」

重新打造小獵犬號

這幾天，事事都令人開心。其實，小獵犬號（當時被拆了桅桿停在乾船塢裡）是艘挺小的船，只有十門砲的雙桅帆船，重二百四十二噸，長度也僅有二十七公尺左右，未來卻要搭載七十四個人。然而，達爾文還是寫道：「再沒有其他船被裝修和細心維護到這般大手筆的程度。只要能夠，船上每件東西都儘量採用桃花心木製成。」事實上，小獵犬號在上回航程結束後，已經破爛不堪，所以這番等於是重新打造。

船員們和船長比起來雖然只是小人物，且略嫌粗俗，但他們顯然是一群「非常聰敏、有幹勁又有決心的小伙子」。船上重要組員計有中尉魏克漢（John Wickham）、少尉蘇利文（James Sulivan）、協助船長進行測量的史多克斯（John Lort Stokes），醫官麥可密克（Robert MacCormick）、醫官助手白諾（Benjamin Bynoe）、事務官勞雷特（George Rowlett）、海軍官校學生金恩（Philip King），以及畫家埃爾（Augustus Earle）。

在現階段，這些人對達爾文來說全都只是些叫不出名字的臉孔，但是很快的，在那艘小型帆船上，他們自會變成一個個特色鮮明的個體。其他的組員則包括兩名船長副手、水手長、木匠、牧師、八名皇家海軍陸戰隊員、二十四名水手以及六名僕僮。

最後，船上還有三名乘客，分別是敏斯特（York Minster）、巴頓（Jemmy Button）以及少女貝絲凱特（Fuegia Basket）。他們三人是來自極寒地區合恩角附近，火地島（Tierra del Fuego）上的土著。費茲羅在前

費茲羅於1833年繪下的三名火地土著青年畫像。左上角為巴頓,「他總是戴著手套,頭髮理得整整齊齊,而且他那光可鑑人的皮鞋上一旦沾上汙跡,他便不大自在。」右上角為貝絲凱特,「一位溫文有禮、態度保守的少女,她的表情令人愉悅但有時略嫌陰鬱。」下排為敏斯特的正面、側面圖像,「他的舉止保守,個性陰沉、寡言,一旦激動起來,卻又熱情十分。」(以上語句皆出自達爾文之手。)」

次航程時,把他們接上船,為他們取了這些古怪的名字(例如巴頓是船長用幾粒鈕扣換來的,所以取名button),而且費茲羅還自掏腰包,讓他們在英國受一年教育。

費茲羅曾經帶他們去晉見威廉國王與艾蒂蕾德皇后;皇后當場拿出一頂自個兒的軟帽,戴在貝絲凱特頭上,取出一枚戒指套上她的手指,並且還賜給她一小包錢,以便添購衣物。如今,帶著半吊子英文、歐洲人的裝束以及一些歐洲用品,他們就要返回遠在地球另一端的家鄉,在族人中宣揚基督教義以及現代文明。另外還有一名年輕的傳教士馬修斯(Richard Matthews),自願與他們同去。

行前,達爾文少不得要乘車北上倫敦、劍橋,去參加一連串的餞別宴,而且也得再回一趟舒茲伯利老家,進行最後的盤點工作。書本——他一定得帶著洪堡、彌爾頓(John Milton,英國盲詩人)的書、以及《聖經》,還有萊伊爾(Charles Lyell, 1797-1875,英國地質學泰斗)的《地質學原理》第一卷,這是韓士婁送他的臨別禮物,可是剛剛才印出來的。此外,他還得增添一些額外裝備,像是雙筒望遠鏡、地質用放大鏡以及許多罐保存標本用的酒精。

等待又等待

1831年10月24日，他返回普利茅斯港，卻發現小獵犬號還沒準備好。火地土著們已經乘船來到普利茅斯；用來載運他們登船行李的，可「不只是幾條小舟而已」，行李包括葡萄酒杯、奶油碟、茶盤、附蓋子的大湯盤、一只桃花心木梳妝盒、以及海狸皮帽等。不過，小獵犬號的修復時間遠比大夥兒所預期的長。

對達爾文來說，接下來那兩個月只能稱之為悲慘。因為他完全沒有什麼正經事兒可做。「我的主要工作，」他寫信回家說道：「就是登上小獵犬號，並盡量裝出一副水手的派頭。但我看不出來我能騙得過任何一個人。」寒冬氣候、思鄉病以及他最初對這趟航程的興奮反應，全都混成一團，再加上疑懼感，結果真的把他弄出病來。他的兩手突然發起疹子，而且胸口難忍的心悸，使他不禁猜想自己得了心臟病。但是他不敢去看醫生，深怕自己會被判定不能出海。

達爾文住在岸上，白天時間常窩在他的小艙房裡（這的確是間非常小的艙房），重複整理行囊。由於費茲羅對地理精準度的狂熱，船上裝載了起碼二十二只經緯儀，它們全都以碎木屑裝填得整整齊齊，擺在架上；而達爾文睡覺的空間，則小到必須把貯存櫃的抽屜拿掉一只，方能伸展他的長腿。

費茲羅本人還是維持一貫的和顏悅色，只除了發生一樁有點奇怪的小

從城堡眺望普利茅斯港口。「在普利茅斯這兩個月是我有生以來最悲慘的兩個月。」達爾文在自傳中這樣寫道。

插曲。有一天，他倆前往普利茅斯的一家店舖更換一件購自該店的陶器，當店員拒絕讓他們重換一件時，費茲羅大為光火。為了要懲罰這個傢伙，他先詢問一組非常昂貴的瓷器價格，然後說道：「要不是你這麼無禮，我本來打算要購買這一套的。」說完，他便大步踏出店門。達爾文非常清楚，費茲羅從沒打算過要買那套瓷器，他們早已添足所有需要的陶瓷用品，不過他沒有說什麼，兩人默默地走了一段路。接著，船長的怒氣突然消逝無蹤：「你並不相信我剛才說的話吧？」

「不信，」達爾文回答。

費茲羅沉默了幾分鐘，然後突然冒出一句：「你想得沒錯，我因為生那個流氓的氣而行為失當。」

初嚐暈船滋味

到了12月，小獵犬號總算準備妥當，然而她的首次下海卻是一項不祥的預警。小獵犬號分別於12月10日以及21日這兩天嘗試出航，但都只能無功折返普利茅斯港，而且每一次達爾文都暈船暈得一塌糊塗。

聖誕節那天，組員們在港口喝得酩酊大醉，執勤官金恩不得不以冒犯罪名把其中一名水手銬起來。當時場面想必非常荒唐，因為許多人直到第二天都還未能完全清醒過來。

12月27日黎明，多雲無風，但是到了早晨，風向變得非常有利，可以看到一股煙自普利茅斯港口的煙囪冒出向外飄散——刮起正東風了。費茲羅和達爾文在岸上午餐，享用羊排和香檳，爾後在下午兩點鐘登船。現在他們總算要出航了，眾人配合著舵手的笛音，解下纜繩。

那天黃昏時分，達爾文孤伶伶地站在甲站上，遠眺愛迪斯頓燈塔消失在海平面，這是他對英格蘭的最後臨別一眼。他們航向遼闊大海，通過法國西南邊的比斯開灣，進入灰濛濛的大西洋。費茲羅下令把聖誕節鬧事

最嚴重的幾名船員帶上甲板，抽一頓皮鞭。

　　由於身體不適，達爾文在出航頭幾週過得迷迷糊糊的，腦海中一片空白。「暈船之苦，」他很戚然的寫信回家：「實在遠超過我以前所能想像……當你筋疲力竭到稍一使力就覺得昏倒時，真正的悲劇才開始呢。我發現除了躺回吊床上，再沒什麼法子可使了。」他除了葡萄乾之外，什麼都吃不下。偶爾，他會勉強爬上甲板，呼吸一下新鮮空氣。然而，洶湧的浪濤和上下起伏的甲板對達爾文來說，終是難以消受；大部分時間，他還是乖乖躺在自己的吊床上，再不然就是窩在費茲羅的沙發椅上，努力集中精神看點書。夜間，他則和金恩共用船尾艙房，而這個最尾端的位置一旦遇上壞天氣，想必顛得更厲害。

　　當他們航經馬迪拉群島時，達爾文因為暈得太厲害，而無法爬上甲板遠眺一眼；接著在駛進白雪覆蓋的特內利非島（Teneriffe，加納利群島中最大的島嶼）時，又得到一項令人失望的消息：為了防範英國的霍亂傳

圖為特內利非島，當達爾文得知他們不得上岸時，心中非常失望。

入，該島進行隔離檢疫措施，他們全都不准上岸。

　　此外，每當達爾文一想到，費茲羅終於發現他的身體不夠格航海時，暈船對他而言便又多了一層苦惱。到了這個節骨眼上，也沒什麼法子可補救了；他只能儘量不抱怨，咬緊牙根強忍著，期待未來日子能轉好。無論如何，他絕對不要舉手投降，絕對不要在一看到陸地時就奔回家去；對於這一點，他倒是相當堅決。

　　好在，辛苦終是有回報的。他們就要在維德角群島（Cape Verde Islands，又稱綠角群島）稍事休息，下錨二十三天。

　　在這當兒，費茲羅要測量該群島的確切位置，而達爾文也總算首次意識到，這趟航海對於他個人可能具有的意義。這是他生平第一次親眼看

維德角群島的培亞港（Porto Praya）。「從海上看，培亞港一帶有股孤絕的景象。由於舊日的火山爆發以及熱帶地區的酷熱陽光，在在使得大部分土壤成為不毛之地。」

見火山島嶼；他曾經被地質學家萊伊爾的著作深深吸引，此刻，一個念頭閃過他心頭：將來有一天，「他自己」也可能會寫一本有關地質的書。

五十年後，達爾文仍清楚記得當這個念頭出現時，他所在的確實地點。「對我，那是值得紀念的一刻，而且一切在我心裡記得多麼清楚啊。當時我正站在低矮的熔岩峭壁下休息，陽光普照，熱力四射，附近有幾株怪異的沙漠植物；而我在腳下的海水窪中，長著活生生的珊瑚。」

這時，達爾文已經開始記筆記、採集標本、做記錄和觀察了。沒有一樣東西能逃過他的利眼：鳥類、景觀、土著、塵土以及植物。他仔細觀察一隻海鹿[1]，把牠解剖開來，發現牠的消化道裡有一堆小圓石。在他的筆記本裡，還畫有一棵猢猻麵包樹（baobab tree），不過這可能是費茲羅所畫的，因為達爾文不擅畫圖。他寫信給韓士婁說道，他只擔心一件事：他所記錄的到底是不是應該記錄的事實，也就是重要的事實；「在採集這檔任務上，我可不能出任何差錯。」

繼維德角群島後，他們又在聖保羅岩（St. Paul Rocks）上稍作逗留，這是小型群島，距離巴西海岸九百多公里。當人夥看見難以計數的鳥兒停在岩石山上，而且群鳥一展翅就幾乎遮去整個天空，不禁目瞪口呆。一小艇水手立刻歡天喜地的上岸去了，他們像小學生似地騷擾鳥群，用來福槍托敲牠們，或是乾脆用手撲打。這群倒楣的鳥兒主要分兩種：鰹鳥和燕鷗，甚至連達爾文都看出「兩種鳥兒天性都非常馴良、愚笨，而且牠們太不習慣人類造訪，我光憑手上那隻地質鍬，要殺多少鳥都沒問題。」

艇上水手們最後帶了一大堆鮮肉返回小獵犬號，卻發現另外一組船員早已開始釣魚——他們只要把釣魚線往水裡一拋，馬上就可拉起大把鱸魚。這時，一群鯊魚出現了，牠們衝向釣線上的鱸魚；鯊魚個個都很大膽，即使水手用槳大力拍打海面，牠們依然死命咬著鱸魚不放。

---

1 譯注：海鹿（Aplysia），生活在海裡的一種軟體動物。

小獵犬號航線圖與航程年表

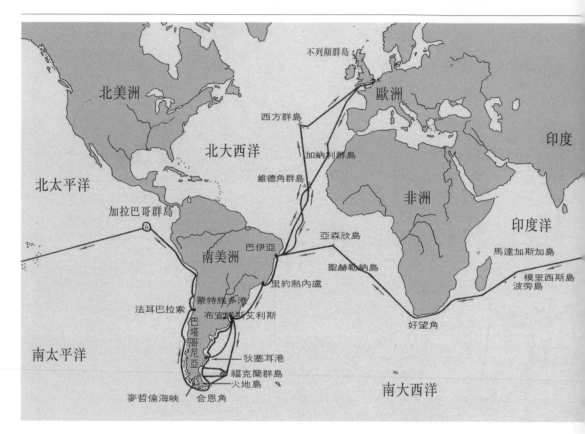

1831年

12月27日：自普利茅斯出發

1832年

1月18日～2月8日：維德角群島

2月28日～3月18日：巴伊亞

4月4日～7月5日：里約熱內盧

4月8日～4月23日：參訪幾座莊園的陸上之旅

7月26日～8月19日：蒙特維多

9月6日～10月17日：布蘭加灣港

11月2日～11月26日：蒙特維多

12月16日～1833年2月26日：火地島

1833年

3月1日～4月6日：福克蘭群島

4月28日～7月23日：馬多納多

8月3日～8月24日：尼格羅河口

8月11日～8月17日：卡門到布蘭加灣的陸上之旅

8月24日～10月6日：測繪阿根廷海岸線

9月8日～9月20日：布蘭加灣到布宜諾斯艾利斯的
陸上之旅

9月27日～10月20日：前往聖塔菲、沿著巴拉那河
的陸上之旅

10月6日～10月19日：馬多納多

10月21日～12月6日：蒙特維多

11月14日～11月28日：前往麥瑟德斯的陸上之旅

1835年

1834年11月21日～2月4日：智魯威島、初諾斯群島

2月8日～2月22日：瓦迪維亞

3月4日～3月7日：康塞普森

3月11日～3月17日：法耳巴拉索

3月13日～4月10日：從聖地牙哥到門多薩，穿越安
地斯山脈之旅

3月27日～4月17日：康塞普森附近

4月17日～6月27日：智利海岸

4月27日～7月4日：前往科肯波與科帕坡的陸上之
旅

7月12日～7月15日：宜基給（Iquiqui，當時位於秘
魯）

7月19日～9月7日：卡瑤港

9月16日～10月20日：加拉巴哥群島

11月15日～11月26日：大溪地

12月21日～12月30日：紐西蘭

1836年

1月12日～1月30日：雪梨

2月2日～2月17日：荷巴特、塔斯馬尼亞

3月3日～3月14日：喬治王海灣

4月2日～4月12日：可可斯群島

4月29日～5月9日：模里西斯

5月31日～6月18日：好望角

7月7日～7月14日：聖赫勒納島

7月19日～7月23日：亞森欣島

8月1日～8月6日：巴伊亞

8月12日～8月17日：珀南布科

10月2日：抵達法茅斯

1834年

1833年12月23日～1月4日：狄塞耳港

1月9日～1月19日：聖胡良

1月29日～3月7日：火地島

3月10日～4月7日：福克蘭群島

4月13日～5月12日：聖塔克魯茲河

4月18日～5月8日：上溯聖塔克魯茲河的陸上之旅

6月28日～7月13日：智魯威島

7月31日～11月10日：法耳巴拉索

8月14日～9月27日：深入安地斯山脈之旅

說明：小獵犬號的主要停靠地點，以黑色字表示；達爾文幾趟重要的內陸之旅，以綠色字表示。（各區內詳細地
圖，請見後面章節。）

航向熱帶晴空

　　接下來，他們繼續南行通過赤道，愈來愈接近巴西，在這兒迎接他們的，是一片平靜無波、令人愉悅的大海。海豚成群結隊繞著船身跳躍嬉戲，海鳥群也一直緊隨在他們身後。

　　達爾文開始恢復活力。他在船上是個頂惹眼的傢伙；因為組員全都穿著海軍制服，只有他，還是一身十九世紀初文明紳士的打扮，上衣有條燕尾，雙排扣背心不但有個翻領還有一大堆扣子，外加長褲、高領襯衫和領巾。不只如此，他的工作在船員們眼中，也透著些許古怪；他自個兒動手做了一只一‧二公尺長的拖網，繫在船尾，結果撈起大把五顏六色的小型海洋生物，牠們緩慢地流到甲板上，閃閃發光。

　　船上的作息相當簡單刻苦。早餐八點開始，費茲羅和達爾文一起在船長室裡用早餐。兩人用畢早餐後（無論誰先用完，都不會坐等另一人），便立刻回到各自工作崗位：費茲羅登上甲板進行晨間巡視，至於達爾文這邊，如果天氣好的話，他就著手研究他的海洋動

小獵犬號南行越過赤道時的船上情景。「最令人厭惡的玩鬧，包括用顏料和瀝青摩擦你的臉部直到起泡，然後再以鋸子充當刮鬍刀，之後，把你壓進一張盛滿海水的帆布中，淹得個半死。」這段話摘自達爾文家書[1]，繪圖者為隨船畫家埃爾。

物，解剖、分類或是記筆記。如果天候不佳，那麼他則回到床上，想辦法看看書。

　　午餐在下午一點供應，是純素食，供應米飯、豆子、麵包及白開水。從來不供應任何酒精或飲料。下午五點，他們開始用晚餐，有時會出現肉類以及抗壞血病的食物，像是醃菜、脫水蘋果及檸檬汁。到了黃昏，船上組員三三兩兩攀著欄杆，在熱帶晴空下閒聊。

　　「我發現船上真是一個舒服的窩，」達爾文寫信給父親：「所有你想要的，它都有，要不是有暈船這回事，我想全世界都會擠滿了水手。」接著，在寫給姊姊卡洛琳的信中，他又說道：「我生命中這段航海時光……真是非常非常的快樂，彷彿是僅僅靠藍色大海為生一般。」

古怪的費茲羅

　　隨著時光流逝，達爾文發覺，自己和費茲羅間的關係正陷入一個矛盾的情境。當他首次登船，費茲羅親自教他如何懸掛吊床、如何收存物件時，他曾經深深感動，而船長到現在也是對他很好。（就在這段期間，費茲羅寫信回英格蘭：「達爾文是一個很有見識又工作勤奮的人，而且也是一位令人愉悅的餐桌友伴。我從沒見過哪個『陸地人』能像達爾文這般快速、徹底地適應海上生活。」）

　　然而，費茲羅的脾氣卻是如此矛盾、如此緊張，如此敏感易怒。達爾文並沒有開始對他失望，他仍舊是個了不起的人物，只是在他性格裡還是存有比較不那麼完美的一面。先是那次陶器店事件，再來又有聖誕節狂歡過頭的水手挨鞭子的事；在達爾文看來，如果事先准許他們喝酒，事後卻又以喝醉酒來處罰他們，並不公平。但是達爾文沒有敢提出異議，因為他很快就明白到，海軍艦艇上的船長本身就是法律，你可不能把船長當成普通人來說話或爭辯。

海軍軍校生的艙房，隨船畫家埃爾繪製。

　　同時，費茲羅對待自己也是嚴苛得過分。「如果他沒把自己累死，一定會在這趟旅程中做出可觀的成績，」達爾文在家書中寫道：「……在這之前，我從沒碰過任何人能令我假想成拿破崙或納爾遜[2]。我想我不會說他很精明；然而我覺得無論怎樣稱讚他都不算過分。他掌控大夥的方式真是非常細膩……雖說他也是我所見過的人當中，性格最突出的一位。」

　　費茲羅這種陰晴不定的脾氣，在晨間巡視時最為嚴重，這時只要稍有一點不妥，他就會狂怒叱責出事者，那情景就彷彿他個人遭受了極嚴重的侮辱般。他在甲板現身那一刻，真是令人震撼——一群原本曳在繩索上的水手，會馬上全心全力地拚命工作，彷彿正面臨生死存亡關頭似的。負責執勤的年輕士官自有一套探聽方式，他們會問：「今天早上有沒有弄翻

2　譯注：納爾遜（Horatio Nelson, 1758-1805），打敗拿破崙的英國海軍名將。

很多熱咖啡呀？」意思是說：「船長今天心情如何？」

然而，達爾文發覺，費茲羅那「嚴峻的沉默」才是最讓人難以招架的：憂鬱、沉悶而且嚇人，有時會沉溺在自己的惡劣心境中，連續長達幾小時之久。但是這一切並未使大夥憎恨費茲羅；每個人都激賞他高妙的航海技術，再說他也有心情好的時候，而且一般說來，他的舉止都相當有禮貌，也相當迷人。不過，小獵犬號上的每個人還是得謹慎些，而達爾文也學會了忍耐的藝術。

和樂融融小獵犬號

達爾文和其他船員都相處得很融洽，每個人都喜歡他。他有點害羞，但是很肯學習。組員們暱稱他為「咱們的捕蠅器」。

少尉蘇利文（日後官拜英國海軍上將）後來在信中提到：「我敢說在小獵犬號這五年航程中，達爾文從來沒有大發雷霆，或是對任何人出言不遜……這些，再加上大夥都欣賞他的幹勁和能力，使得我們給了他一個雅號『親愛的老哲學家』。」中尉魏克漢雖然會抱怨達爾文的標本把甲板弄得一團糟，卻認為達爾文仍不失為一個快活、友善的人物，「是截至目前為止，船上最能聊天的夥伴。」至於醫官助手白諾，後來也變成達爾文很特別的一位朋友。

年輕的海軍官校畢業生金恩，則是一個活蹦亂跳的大男孩，「我看過詩人拜倫的所有作品，」他宣稱：「但是沒有一件是讓我看得順眼的。」

畫家埃爾是個滿特別的人物。父親是定居英格蘭的美國畫家，他本人則出身倫敦的英國皇家學院，在那兒，他證明了自己在繪畫上幾乎無類不通，人物、風景或歷史，都難不倒他。除了繪畫之外，埃爾還熱中於探訪其他藝術家尚未到達過的奇鄉異地。當他以三十七歲高齡加入小獵犬號

時（他幾乎是船上最老的人），早已在外地旅行了十三年之久，而且也曾經在南美洲和澳洲（小獵犬此行主要目的地之二）居住過。埃爾和達爾文一樣，也是洪堡迷，尤其是對他書中描寫的熱帶森林最為著迷。他倆實在太合得來了，因此他們決定，到了巴西之後要合住在一起。

再下來，就是那幾名火地島人。敏斯特生性沉默寡言而且脾氣陰沉，不過很顯然的，他愈來愈喜歡貝絲凱特，而且貝絲凱特也喜歡他。巴頓則是個十六歲的大男孩，人緣非常好。他們三人，達爾文似乎都很喜歡，又因為身為船上唯一的大學畢業生，他很可能也擔起部分教育貝絲凱特的責任。

但是，達爾文最喜歡的還是巴頓。這男孩穿戴著白色手套和擦得雪亮的靴子，真有點花花公子的味道。從小就習慣大海的他，怎樣都弄不明白達爾文為何會暈船。他會低頭凝視淒慘的達爾文，口中喃喃唸道：「真是可憐的傢伙。」而且，在他調轉頭時，還會儘量忍住不發笑。這些火地人的眼力出奇敏銳，勝過船上所有水手，因此，每當巴頓和負責瞭望的船員吵嘴時，就會嚷嚷：「我看見船，不告訴你。」

身為陸地人以及航海生手的達爾文，免不了常被船員捉弄。有一天，蘇利文下到他艙房來，對他大喊：「左舷有隻逆戟鯨！」達爾文急忙衝上甲板，迎接他的，卻是眾人一陣暴笑。不過，達爾文在4月1日那天，好歹也扳回了一城，他在船尾掛了條魚線，成功釣上一尾大鯊魚。

船兒航行順利，平均每天可走二百五十公里。離開英格蘭第六十三天後，他們抵達聖薩爾瓦多港（San Salvador），並登上美麗的巴伊亞（Bahia）古城，置身在一大片青蔥茂密的柳橙、香蕉和椰子樹叢中。

這是達爾文和熱帶森林的第一次接觸，令他驚喜若狂。他在日記中這麼寫道：「用愉快這個字眼來形容一名自然學家首次親身進入巴西叢林時的感受，實在太不夠力了……這一天為他帶來強烈深刻的快樂，遠過他

所期待能再度經歷的快樂。」在他感覺，他就好像盲人乍然得見一場「宛如『天方夜譚』中的景象。」接著，他又寫道：「在林間幽黯處瀰漫著矛盾的聲響和靜謐。當昆蟲齊鳴時，叫聲如此響亮，離岸幾百碼外的船隻上的人，恐怕都聽得見；然而，臨到森林噤聲時刻，又會倏然出現一片死寂。」

1832年3月18日，他們繼續沿著巴西海岸南行。4月3日，因為無風，他們被阻在里約熱內盧外港，但是到了次日早晨，他們就得以在豔陽下駛進美麗的港口。該城當時的面積比現在小得多，像波托福格（Botofogo）這類市郊還只是一片曠野，但是港內活動熱絡。一艘英國戰艦已在這兒下錨，沿著堤防，一隊半裸的黑奴正忙著把貨物扛上商船。再往前看去，可以瞧見皇宮和天主教堂聳立在如同迷宮般的狹窄街道中；街道上，頂著錐形小帽的神父以及西班牙仕女們，乘著馬車來來去去，另外，還有直衝雲霄的科可瓦索（Corcovado）山峯。

能夠再度下船，並開始研究植物和採集標本，令達爾文興奮不已。他急急地衝上岸，到城裡找了個住處。如今，達爾文總算有機會證明自己的科學家功能；搞不好，走運的話，還能把他的新發現和《聖經》裡的偉大真理牽扯上關係，讓費茲羅高興一下。

（左圖）從聖薩爾瓦多的巴伊亞古城俯瞰萬聖灣。（右圖）里約熱內盧的海堤、皇宮以及教堂。皆為埃爾所繪。

03
熱帶雨林

巴西海岸一景。達爾文一行七人騎著馬,先是沿著海岸線走,再轉向內陸,
進入熱帶雨林。他們要去參觀愛爾蘭人在巴西開闢的咖啡園。

1832年4月～1832年7月

不過三天，達爾文便已安排好，要和一位愛爾蘭人雷南（Patrick Lennon）一道去參觀他的咖啡園，位置大約在里約熱內盧往北一百六十公里遠的地方。他們組成一支七人小型隊伍，策馬而行。氣候非常悶熱，他們先是沿著海岸線走，幾天之後再轉向內陸，進入熱帶雨林。

「棕櫚樹挺立在枝葉濃密的植物群中，總是能成功營造出一股赤道地帶的風味。」

（左圖）一只巨大的蟻塚。有些蟻塚甚至可以高到三・六公尺。（右圖）森蚺是熱帶林中的另一龐然巨物，牠們的長度可達九公尺。

　　要說達爾文現在很「快樂」是太含蓄了，他簡直可以稱得上是「如痴如醉」。他們身邊盡是巨大的絲棉樹以及棕櫚樹，棵棵長得像船桅般修長，高高聳立，濃密葉片把陽光都遮住了；透過一片綠光，西班牙苔草以及像繩索般的長條葛藤植物，從最頂端的樹幹上垂盪下來。

　　這個悶熱、寂靜的午後雨林中，只見大型藍蝶翩翩起舞；空氣中瀰漫著香料植物的氣味——樟腦、胡椒、肉桂和丁香；再來，還有那些大得嚇人的蟻丘，足足有三・六公尺高；在樹幹上發芽的寄生蘭，以及眾多難以想像的華麗鳥兒：像是五彩的、綠色的鸚鵡，以及能用人眼難以分辨的快速鼓翅，停在花朵上方半空中的小巧蜂鳥。

　　達爾文就著馬背，欣喜若狂的在筆記本上快速摘記：「蔓草疊疊相纏——捲鬚彷彿髮絲　美麗的蝶蛾——　一片沉寂——頌揚之聲四起。」

具有紫色唇瓣的蕾麗亞蘭花（*Laelia prupurata*），
康士坦斯（L. Constans）繪製。

產於熱帶地區的咬鵑（*Trogon viridis*），顧爾德（John
Gould）繪製，顧爾德是英國鳥類學家，也是達爾文的
好友。

產於南美洲的達氏唐加拉雀（*Tanagra darwini*），
顧爾德繪製。

一種蜂鳥（*Phäethornis eurynome*），顧爾德繪製。

自然界裡的殘酷殺機

突然間，令人血液凝固的猿猴叫聲劃破寂靜，緊接著，遠方也傳來一陣巨響，聽起來宛如大浪拍打海岸——竟然是暴風雨來襲。

斗大溫熱的雨滴穿破他們頭頂上的樹葉天篷，不一會，他們全身就都濕透了。清新的泥土味自地面漫進水洗過的空氣中，四周山谷間也充塞

「和歐洲地區相比，（南美洲）這兒的樹木襯著它們那身白色樹幹，顯得格外高聳、搶眼。」

著一股奔騰的白色霧氣。然而，當暴風雨過去，天色轉暗時，一場石破天驚的表演卻揭開了序幕：這是青蛙、蟬和蟋蟀的晚間音樂會，而且黑暗中還有閃爍的螢火蟲四處飛舞。「每當黃昏天黑之後，這樣的大型音樂會必然登場；我通常都會靜靜的坐著聆聽，除非傳來某些奇特的昆蟲叫聲，才能分散我的注意力。」

不過，這幕豐盈場景裡也蘊含著驚人的殘暴。有一天，達爾文特地下馬觀看一場蛛蜂（Pepsis屬）和狼蛛（Lycosa屬）之間的生死決鬥。蛛蜂忽然自空中俯衝下來，把毒刺深深刺入敵手體內，然後便飛走了。狼蛛雖然受創不輕，但還能勉強爬到草叢裡藏身，過了一會兒，蛛蜂飛回來，遍尋不著狼蛛。然而最後，由於狼蛛不由自主地抽動，暴露了藏身的位置，蛛蜂立刻衝進來，用無比精準的手段殺害狼蛛——接連兩次快速刺入狼蛛下方的胸部。接著，勝利者翩然下降，開始拖拉屍首。這時，達爾文做了一件很沒道理的事，就好像我們大部分人都會做的舉動：他把蛛蜂趕開，不准牠接近獵物。

接下來，一行人遇上了雨林中最驚心動魄的一幕——螞蟻雄兵。當這支閃閃發光、黝黑、萬頭鑽動的隊伍（它可是綿延將近一百公尺）前行時，所有位在螞蟻行進路途上的動物莫不驚惶失措。達爾文等人親眼看到成群恐懼得發狂的蜥蜴、蟑螂和蜘蛛被快速包圍，不過片刻工夫，貪婪兇惡的蟻團便撲倒在獵物上，這場面真是令人目瞪口呆。

因此，在這一切動人景致中，其實也埋藏了一股無窮盡的惡毒，沒有誰是絕對安全的。獵殺以及被獵殺，現實環境就是這樣，於是，弱者為了生存，只得把自己偽裝起來。

在達爾文的採集瓶中，收進了一種長得很像枯樹枝的竹節蟲，把自己裝成了蠍子模樣的無毒蛾類，還有把全身彩妝成毒果色彩、以便逃避鳥類捕食的甲蟲。達爾文還注意到，有些動物的頭角純屬裝飾品，只為增

「觸目所及的森林、花草和鳥類都是這般完美，注視它們，真是樂趣無窮。」

添性吸引力，但大部分動物特徵都是故意用來欺敵的，例如，有些蛾類的翅膀上開了些小洞，以模擬殘破的枯葉；另外有一種蛾類看起來就好像落花般；其他的偽裝還包括閃亮發光的假眼等。還有一些昆蟲則是藉著模擬其他昆蟲的長相，來保護自己，例如，對於捕食者而言，釉蛺蝶（heliconian）的味道甚難下嚥，於是，其他美味昆蟲便著上類似釉蛺蝶的警戒色。

　　如果韓士婁在場的話，不知會有多開心。「我從未體驗過這般強烈的興奮，」達爾文激動的寫信告訴韓士婁：「從前我很欣賞洪堡，現在，我簡直是崇拜他；完全是因為他，才使得我產生前往熱帶的念頭……此時我正著迷於蜘蛛……而且，要是沒弄錯的話，我已經發現了一些新種……我將儘快寄一大盒回劍橋去。」

就在這當兒，達爾文首次染上熱病，由於深感病情沉重，他一度以為自己會摔下馬來，好在「肉桂加上葡萄酒奇妙地把我醫好了。」

蓄奴農莊

接著，達爾文突然領悟到，存在自然界裡的那種殘酷，那種強者欺凌弱者的情況，也同樣存在於人類。這天，他們進入一片植物蔓生的樹林，路徑被遮擋得很厲害，於是他們便派了一個黑奴，拿著劍走在最前頭開路。達爾文試著用一口很破的西班牙文和這名奴隸交談，令他震驚的是，農奴竟然誤以為自己要挨揍了，達爾文只好趕快用手勢來加強表達意思。只見黑奴畏縮地垂下雙手，並揚起臉，溫馴地等著挨打。

達爾文真是嚇壞了，難道所有奴隸都是這般膽怯、這般頹喪的？毫

農莊裡的黑人住屋。

女奴和她們的子女。

無疑問，像雷南這樣講理體貼的主人，應該可以讓他放心才對。但是話說回來，真有哪個奴隸可能放心？

他們隨即騎到一處臨著陡峭花崗岩壁的空地，就在這兒，有一群逃脫的奴隸曾經藏匿過，並且還靠著野生植物勉強餬口，存活下來。他們甚至還自力搭建起一堆小茅草屋，式樣活脫脫就是仿照他們被捕捉以前在非洲故鄉看到過的小茅屋。這些茅屋如今全都荒廢了。一隊巴西士兵伏擊這兒，把所有脫逃奴隸一舉擒回，只除了一個女奴例外。這名女奴寧願一死，也不願再受奴役；她縱身自山頂躍下，當場在谷底摔成一團肉泥。

「在我離開英格蘭之前，」達爾文寫信給卡洛琳姊姊：「有人告訴我，只要居住過蓄奴的國家，我所有的觀點都會改變；但是我能感覺到的改變只有一個，那就是更為尊重黑人。」

當他們終於抵達雷南的大農莊時，農莊特地發射了一枚大砲，並且大聲撞鐘，以宣示他們的光臨；在死寂的樹林中，這陣聲響可真是驚天動地。接著，全體農奴也都出列相迎。

這是一個很令人愉快的地方，茅草屋圍成四邊形，主人房舍占一邊，其餘三邊分別是馬廄、倉庫以及農奴住處。主人屋舍裡邊擺放著一些華麗的桌椅沙發，都是常見於維多利亞式客廳的家具，但是處在這些粉刷過的白牆、茅草屋頂以及沒有玻璃的窗戶之間，卻顯得很不搭調。庭院中央堆著一包包的咖啡豆，還有許多雞、狗、馬以及其他農莊牲畜來來去去，女奴們聚在一塊生火煮食，小孩則全身光溜溜在陽光下嬉戲。

一頓超級大餐已為嘉賓備妥──達爾文還沒解決掉火雞，烤全豬又端上來了。在這同時，農莊的日常作息依舊井井有條地運轉著。小孩兒、雞、狗（各式各樣的老獵犬），不時會走迷路溜進室內，必須有專人時時留意驅趕，有名奴隸就是專門負責這檔子事。

小小世界裡的統治者

　　這整個過程裡，在這個小小封建世界裡的最高統治者雷南身上，頗有些謎般難解之處。在他們從里約熱內盧出發的這段旅程中，達爾文覺得他似乎是一個很合理、公平的人，而今突然之間，雷南平白無端對該地的管理者柯柏（Cowper）狠狠發了頓脾氣。

　　或許是因為天氣熱的關係，或是因為小孩子不停闖進屋內，又或是因為他們之間積怨已深，總而言之，雷南變得怒不可遏。他宣稱，將要賣掉所有的女奴以及她們的孩子；他們將被牽到里約熱內盧去公開拍賣，被迫遠離丈夫或父親。他還特別提出要弄走其中一名黑白混血小孩，這孩子剛好是柯柏非常疼愛的一個。到了這步田地，兩個男人都不約而同地掏出槍來，要不是達爾文及其他人趕忙插手阻止，兩人恐怕已開火了。

　　這頓爭吵到了次日早晨就不了了之。但是擺在眼前的事實是，拍賣可能真的會進行，雷南可能真的會拆散這些相依為命多年的農奴家庭，而且還少有人會覺得其中有什麼殘酷或不仁道之處——這一切，都令達爾文驚駭不已。即使當第二天早晨，莊裡所有成員都集中到四方場裡祈禱、唱詩時，達爾文也無法釋然。黑奴的歌聲飄揚在清晨空氣中，格外甜美，而雷南則在他們上工前，為他們祈福。

　　達爾文成長在一個對奴隸制度深惡痛絕的環境裡——在英格蘭，他的舅家威基伍德家族正是最早起而反對蓄奴制的推動者之一。因此，當他返回里約熱內盧之後，依然悶悶不樂地思考親眼看到的這一切，還有其中的冷酷無情，以及偽善。在

威基伍德出產的浮雕飾品，在達爾文祖父的時代，是反奴隸制度的宣傳標誌。

奴隸的監工正在懲罰黑奴。「一想到我們英國人以及那些在美國的英國後裔，他們滿口吹噓自由——其實都是這般罪惡深重……不禁令人熱血沸騰且良心悸動……」

里約熱內盧，他再度被所見所聞激得義憤填膺、血脈賁張，他發覺住在對面的老婦人由於頻頻扭轉她的女奴的手指，竟把女奴的手指頭都扭碎了；而且就在他所居住的那棟房子裡，有名混血少年遭「惡言辱罵、狠揍並迫害，以致精神崩潰、喪失心智，看來像個低等動物。」

　　「謝謝上帝，」他稍後寫道：「我以後再也不拜訪蓄奴國家。直到現在，當我聽到遠方傳來尖叫聲，依然會喚醒一段痛苦而真切的回憶；那時我正經過珀南布科附近的一間房舍，聽見令人無比哀憐的呻吟聲，除了是某個可憐的奴隸正被嚴刑拷打外，再沒其他的可能。然而我又清楚知道，自己其實像個孩子般無能為力，無法抗議……我曾經見過一個小孩，六、七歲左右，只是因為遞給我的一杯水不夠乾淨，頭臉立即遭馬鞭連抽

一家大小上教堂望彌撒。「每當我見到個子矮小但卻長著一副謀殺者嘴臉的葡萄牙人時,都忍不住有點兒盼巴西將來能步上海地的後塵[1]。」[L]

三下(在我來得及阻止之前);我還看到他的父親只因主人眼角一瞥,就嚇得全身發抖。」

首次與費茲羅衝突

一想到英國人和美國人也都有參與奴隸買賣,不禁令達爾文「血液沸騰且良心悸動」。當他們重新登上小獵犬號之後,有一天,達爾文對費茲羅談起這件事。

費茲羅對蓄奴制度會持有什麼樣的觀點,其實不難猜測,雖然他不會明確表示蓄奴制度值得寬容,但是他卻認為,這種制度的確也具有諸多優點。蓄奴制度其實由來已久,久遠的程度不輸《聖經》,因此不該輕易

1 譯注:十九世紀初,海地的黑奴與黑人將領群起推翻法國人的統治,在1804年1月1日宣布獨立。

竄改，尤其不該讓一些從來不曾擔起產業經營重任的自由派理想主義者來修改。

這會兒，當達爾文開始細述他的經歷時，費茲羅先是靜靜地聽了一陣子，然後開口說道：當達爾文離開時，他也拜訪過一處莊園，發現那些農奴的生活條件就和英格蘭農夫們的沒兩樣。農莊主人曾經叫了許多奴隸過來，讓費茲羅本人親口詢問他們是否快樂，是否想要自由等等，所有奴隸都回答道：「不想。」

達爾文簡直氣得顧不了謹慎。他反駁道：「當著主人的面，農奴還敢說什麼其他的答案？」他的語氣，他輕蔑的笑容，在在惹惱了費茲羅。費茲羅大發脾氣：如果達爾文懷疑他所說的話，那麼最好還是不要住在這間艙房裡；因為他們倆人是不可能再合住一塊兒的了。達爾文則認為自己還可以做得更徹底一點，他會乾脆離開這條船。說完後，達爾文就大步走出艙房。

在這件事上，沒人願意站在費茲羅那邊。大夥聽到這頓爭吵後，紛紛跑來對達爾文說，歡迎他把東西搬過去跟他們同住。這時，費茲羅也把魏克漢找了去，對著他長篇大論地數落達爾文，以及達爾文的各種意見、想法，藉以發洩胸中怒氣。

但是不久之後，費茲羅漸漸平靜下來，就和他那僵硬、焦躁的個性每次必然有的結果一樣，他開始後悔了。他做得太過火了，他做錯了。他傷害了自己與達爾文的情感，他一定得把達爾文找回來才行。不久，魏克漢便出現在甲板上代為傳話：船長要對達爾文先生表達歉意，並要求他回到船長的艙房中。達爾文很樂意接受道歉。畢竟，這趟航程裡的偉大探險計畫才是最重要的；到了這個時候，探險本身的重要性已經漸漸升高，而且遠遠超過任何私人恩怨。

無論如何，他倆接下來馬上就要分開幾個月，或許也是件值得慶賀

在里約熱內盧的科可瓦索山腳下，達爾文和畫家埃爾共同租下一棟小屋。此圖為埃爾的作品。

的事；因為費茲羅必須再度將小獵犬號駛回北邊，繼續他的海岸線測量工作，而達爾文則和埃爾、金恩一同上岸，住在里約熱內盧。

　　達爾文非常自得其樂。「你再沒法想像還有什麼時候，能比這些日子更平靜、更愉快的了，」這回，他寫信給另一個姊姊凱瑟琳：「再沒什麼能比小獵犬號折返巴伊亞更好運的了。」他們在科可瓦索山腳下的波托福格，一同租下一間很不錯的小屋（達爾文發覺他的膳宿費每週只

需二十二先令，不禁鬆了一口氣），而且他立刻全神貫注在標本採集上頭，他蒐集了蜘蛛、蝴蝶、鳥類以及貝殼等標本，同時還把它們打包寄給韓士婁。

不放過任何標本

　　六個月後，劍橋的韓士婁終於收到達爾文寄來的包裹，並回了封信給達爾文。一般人若是讀了這封回信，或許就能稍微明白達爾文這樁打包郵寄工作究竟有多累人。「你實在做得非常棒，」韓士婁首先這樣讚美達爾文，但是接著，他建議達爾文能多用一點紙，而少用一點短麻屑。有一隻螃蟹非常好，只可惜腳全斷光了，另外一隻小鳥的尾巴也縐成一團，還有兩隻老鼠完全發霉了。小型昆蟲大抵都很良好，不過，如果不用棉花來包裝，或許更能保存牠們的觸角和腿。

　　對達爾文來說，要等待這麼久的時間才能收到關於那些寶貝箱子的回函，想必是令他心癢難耐得很。有一次，有關標本的謝函竟然花了七個月的時間，才寄到達爾文手中，換句話說，他在該趟標本送出一年多之後，方才收到回函。

母猴和她的孩子。

巨嘴鳥（*Ramphastos toco*），顧爾德繪製。

就在達爾文忙著採集標本之際，埃爾也忙著繪下熱帶景物，無疑的，他一定也曾幫助過達爾文繪製部分標本。這期間，達爾文還曾經和一名葡萄牙籍老神父參加過一趟遠征狩獵，但是只獵到一些小型的綠鸚鵡及巨嘴鳥；然而，他的同伴卻射到了兩隻長滿髮鬢的大型猴子。「牠們擁有攀緣力很強的尾巴，在最緊急情況的激發之下，甚至能支撐全身的重量，即便死後也是一樣。其中一隻就在被射殺之時快速鉤住了一根樹枝，於是，為了要拿到牠的屍體，只好砍倒一棵大樹。」

達爾文不會輕易放過任何可能到手的標本。「我對自然史愈來愈著迷了；你不可能想像得到，當我觀察著一隻和任何已知物種都大異其趣的動物時，我所享受到的那股守財奴似的樂趣。」

他所做的實驗也相當稀奇古怪：他讓青蛙垂直跳玻璃窗格，餵色彩鮮豔的蟲子吃生肉，詳細檢查一隻發光甲蟲源源不斷的能量，而且他還發現一隻蝴蝶會在地面上奔跑。單是6月23日這一天，達爾文就逮到了六十八種特別小巧的甲蟲。

航向光榮

當小獵犬號駛回時，傳來一則很不妙的消息：有一小隊組員自里約熱內盧溯河往上去獵鷸，結果全體染上熱病，而且其中三人不幸病亡；三人之中有一個青年慕斯特斯（Charles Musters），是費茲羅朋友的兒子，也是船上很受歡迎的人物之一。

每個人的心情都十分低落，此刻，他們全都巴望早點離開，好繼續小獵犬號的下一段航程，然而，達爾文卻沒有這般渴望海上的漫漫長日。「我真高興見到小獵犬號攜帶的糧食不滿一年份量；上一回，它簡直就像是要開進墳墓裡去似的。」

不過，達爾文終究還是把小獵犬號看成自己的家一般，他對她感到

各種巴西產的灌木及喬木。達爾文認為，熱帶地區最顯眼的特點莫過於千奇百怪的植物形態。

非常自豪，而且不停數說她在調遣、移防能力上頭，性能如何如何的超越其他船艦。「我發覺所有人都說我們是南美洲之冠，」他很得意的寫信回家：「知道我們擁有如此完美的秩序和紀律，真是一大安慰。」

現在，他們就要啟程南下，探訪新大陸的極南之地、未知的巴塔哥尼亞高原以及火地島。「我期望能踏上人類足跡從未到過的地方，」達爾文寫道。

7月一個清朗的日子裡，小獵犬號準備昂首出海。她獲得了一場意外

且轟動的送別典禮，這份禮遇來自港中另一艘英國戰艦：就在這條小巧船兒出海之際，龐大的「厭戰號」（Warspite）戰艦上的帆具、桅桿，全都爬滿了水手，三聲歡呼響徹洋面，接著，樂隊大聲奏起「航向光榮」（*To Glory You Steer*）這首歌。

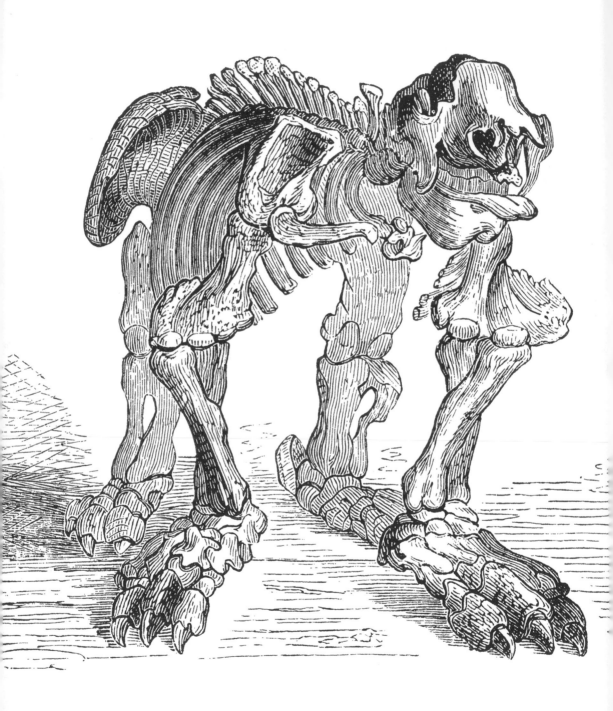

大地懶的骨骼重建模型。
這種史前大巨獸用牠前肢的爪，就可以採食到樹頂的嫩芽。

04
洪荒時期的動物

1832年7月～1832年12月

駛進大海，達爾文馬上又開始暈船了。好多天，他孤伶伶地在甲板上晃盪，或是回他的吊床上躺著。在他的筆記本裡，關於1932年7月16日，有一條頗傷感的簡短記載：「老在暈船。飛魚——海豚」。

他並不屬於那類會漸漸習慣大海的人，直到這趟航程結束，他依然是個差勁的水手，和他自普利茅斯港出航時沒有兩樣。即使到1835年3月，他還是在家書中寫道：「我依然飽受暈船之苦，這種精神上的折磨和痛苦，實在沒有任何事物能夠彌補得了，即使地質學本身也一樣不能彌補。」

閃亮的日子

但是，除非身體真的完全不能支持，不然在海上他倒是從來沒有閒著。只要四周有任何值得一看的景物，他總會帶著望遠鏡爬上甲板。漫漫長日，他都用在觀察或思考他所見的大批鳥類，並且得出一項結論：遷徙本能超越其他所有本能之上。「每個人都知道母性本能有多麼強烈；然而，由於遷徙本能實在太強了，以致於到了晚秋，有些鳥類甚至會遺棄牠們的幼雛，聽任巢中小鳥淒慘地死去。」他還提到一個聽來的例子：有隻鵝在翅膀被剪過之後，竟然用步行的方式來遷徙。

　　鯨魚群也浮出海面噴著水柱，緊隨著小獵犬號；而且有一次，當他們以每小時九海里的速度滿帆前行時，竟出現了數百條海豚。好長一段時間，牠們來來回回繞著小獵犬號而行，在船舷前方交叉游動，並高高躍出海面。接下來，當船繼續航向南方，他們還見到了會發出類似狗吠聲音的企鵝。

　　有天晚上，他們在拉布拉他（Río de la Plata）河口下錨，桅頂閃電的光芒照亮了桅桿及索具，這時，企鵝群衝過水面，在身後留下長長的粼光尾波。「所有的東西彷彿都在燃燒般，」達爾文寫信給韓士婓：「天空中有閃電，水面上閃光點點，甚至連船桅都宛如聳立在藍色火焰中。」

　　在里約熱內盧停泊時，船上的醫官麥可密克離開了小獵犬號。他在船上並不很受人歡迎，甚至連達爾文都說：「他走不算是損失。」

　　取代麥可密克的是原來的醫官助手白諾，他卻是一個人緣很好的小伙子，而且白諾這時已經成為達爾文的好友。他和達爾文一樣熱愛自然史，只要有機會，總是盡可能隨達爾文一道上岸，此外，他也全力協助達爾文減低暈船的痛苦。白諾曾參加小獵犬號上一趟的航海，因此能夠提供

達爾文將這種海豚命名為「費茲羅海豚」（Delphinus fitzroyi）。後來，費茲羅也把火地島上的一座山命名為達爾文山脈，藉以回報（見第5章）。

許多應付暈船的實用訣竅；同時，每當達爾文和費茲羅發生小衝突後，白諾還是達爾文大吐苦水的好對象。白諾還有另一項優點：他非常關心那幾名火地島土著，而巴頓對他也是佩服得五體投地。

船上佈道會

現在，他們的船航過熱帶，開始進入溫帶區。空氣更加清新，海水更藍，組員的衣服也愈穿愈厚。達爾文仿效其他船員，開始蓄鬍鬚，他說，那模樣「就好像臉洗了一半的掃煙囪工人。」

每逢星期日早晨，費茲羅都會為全體船員講道，這樣的場面想必很

埃爾繪製的「艦上的讀經會」（*A Bible-Reading on Board Ship*）。

令人感動：費茲羅挺立在後甲板上，面前聚集了船員，頭頂上則是高高揚起的大帆。身材嬌小的火地女孩貝絲凱特，以及她兩名火地島同伴，也都全副星期日上教堂的整齊裝束，站在甲板上。圍繞在他們四周的物件都熟得不能再熟了，以致大夥常常視而不見：船舵後牆上掛著的短彎刀、毛瑟槍和手槍，外緣刻有「英格蘭期許人盡其責」（England Expects Every Man To Do His Duty）的船舵，軸心則有埃爾所繪的海王星及三尖叉圖案；再來，就是四周茫茫無涯的大海了。

熱中基督教基本教義的費茲羅，幾乎從不放過講頌《聖經》〈創世紀〉章節的機會：「於是，神造出野獸，各從其類，牲畜各從其類，地上一切昆蟲，各從其類，神看著是好的。」

「神說，我們要照著我們的形象，按著我們的樣式造人，使他們管理海裡的魚、空中的鳥、地上的牲畜，以及全地……」

我們幾乎可以想像那清朗威嚴的聲音這樣解說道：「但是這個由上帝創造的人類卻日漸腐化，而且使世上充滿暴力。於是，上帝就降洪水淹沒世界達一百五十天，將人類毀滅掉。然而，由於上帝的慈悲，祂准許挪亞建造一個方舟，並將他的家人以及每種動物各取一公一母，送上方舟，而他們也全都得救。於是，這個由上帝初創的世界就被保存到現在。所以，且讓我們全體船員謹記上帝的恩典，並求祂賜福保佑我們這趟即將進入未知海域的航程……」這個場景的靈感來自埃爾的畫作「一艘英國船艦上的佈道會」（Divine Service on Board a British Frigate），他後來曾將這幅畫送到倫敦皇家藝術院展出。

船長膽識過人

一到了海上，費茲羅總是那個最能自得自在的人。在這兒，船艦上的狹小空間中，岸上生活的複雜和凌亂全都被擺在一邊，事情總能控制得

妥妥貼貼的——銅砲擦得光可鑑人，帆具位置也全都擺設得宜。與大海搏鬥是一樁光明、高尚的事務，沒有什麼好懼怕的。不論小獵犬號組員對他們的船長有何看法，沒有人會懷疑他的膽識，「我會毫不猶豫的選擇跟隨這位只帶十名手下的船長，也不願跟隨任何其他帶領二十名手下的人，」達爾文在家書中這樣告訴蘇珊姊姊：「他的謹慎和機警簡直出神入化，而且面臨必要的時刻，他更是英勇非凡。」

因此，當小獵犬號在拉布拉他河口遇上麻煩時，船員全都興奮不已。從里約熱內盧往下航行二十八天後，他們來到布宜諾斯艾利斯港的停錨處。正當他們要進港的時候，阿根廷警備艦竟然朝他們開火。第一次射擊的是空包彈，第二次則是真槍實彈，劈劈啪啪的從小獵犬號帆索頂上呼嘯而過。費茲羅繼續航向停錨處，同時立即差遣兩艘小船上岸去要求解釋。然而，在小艇水手還沒來得及登陸之前，一名阿根廷海關官員便跑出來，命令他們立刻返回母船，還說他們必須先接受隔離檢疫才行。

到了這個時候，費茲羅可沒心情服從任何要求了。他下令小獵犬號改變航線，備好槍砲，然後駛向警備艦。當兩船靠近時，費茲羅向警備艦大喊道，如果他們膽敢再開一次火，他將用小獵犬號的舷側把他們那條廢船撞爛。說完，費茲羅便下令小獵犬號順著混濁的拉布拉他河駛向蒙特維多港（Montevideo），那兒正停了一艘英國戰艦「德魯伊號」（Druid）。

事情很快就安排妥當，砲火備齊了的德魯伊號將立即駛往布宜諾斯艾利斯，要求阿根廷政府出面道歉。這時，達爾文和其他組員一樣，也不禁熱血沸騰：「哦，我真希望警備艦會向戰艦開火。果真如此，她的末日可就到了。」

有一陣子，情況看起來似乎朝著他所期望的方向發展。一名阿根廷政府公使神情嚴肅地登上小獵犬號，並帶來消息：蒙特維多那兒的軍隊已

蒙特維多港的堤岸與海關，埃爾繪製。

經叛變了，費茲羅是否願意派遣一支兵力上岸，就近保護當地英國商人的財產？

「當然，」費茲羅答道，他很樂意這麼做。

他甚至親自打頭陣上岸偵察敵情，緊接著便來到堤上，打信號回母船，要小獵犬號船員登岸。

五十二名組員配備了步槍和短刀，分乘數艘小艇上岸，而後整隊行軍穿過大街，進駐中央堡壘。達爾文也在行伍之中，腰間掛著兩柄手槍，手中握著短彎刀。但是多可惜呀，結果什麼事也沒發生，造反者就這麼無聲無息地開溜了。

於是，小獵犬號突襲隊在堡壘裡待了一個晚上，烹煮了一頓牛排大餐後，便很沒趣的返回母船。

一、兩天後，德魯伊號帶回布宜諾斯艾利斯港口的道歉之意，以及那艘警備艦的艦長已遭到逮捕的消息。這當然不能算是什麼偉大的勝利；不過，他們總算是讓阿根廷人見識了一下，這個插曲大大拉近小獵犬號全體組員與船長間的距離，然後，大夥全都興致高昂地沿著光禿禿的海岸向南航行。

得力助手加入採集行列

差不多就在這段期間，達爾文找到了一個助手，名叫柯文坦（Sims Covington），這人原先在小獵犬號名冊上的身分為「小提琴手兼艉樓艙僕僮」。達爾文先前曾教導他如何剝皮、填充，以製備鳥類及其他動物標本，而且也教他如何協助採集標本，然後漸漸的，達爾文放手把愈來愈多的實務工作交給他執行。最後，差不多一兩年後，達爾文甚至把寶貝手槍交給他，自己不再出手射擊，雖說達爾文從前曾一度非常沉迷於射擊術。

感覺起來，柯文坦似乎是不會與達爾文起共鳴的人。「我的僕役是個有點奇怪的人，」達爾文寫道：「我並不很喜歡他；但是，也許正因為他的古怪，反而使他非常符合我的工作要求。」不過末了，這兩人似乎處得還真不錯，因為在小獵犬號返回英格蘭之後，柯文坦還替達爾文工作了好些年。

9月7日，他們抵達布蘭加灣（Bahia Blanca）的一個小型軍事要塞城鎮，距離布宜諾斯艾利斯南方約六百公里左右，而費茲羅就要從這兒開始測量尚未繪製地圖的巴塔哥尼亞（Patagonia）海岸線。

這是一處非常荒涼的地方。寬廣的淺灣中塞滿淤泥，到處都是黯淡無光的蘆葦，以及成群結隊的螃蟹。陸地上也沒有什麼樹木，這兒難得下雨，只有陰冷的風陣陣刮過平坦的彭巴草原。這裡的阿根廷駐軍是由一小隊衣衫襤褸的高卓人（gaucho）所充任，他們安穩地駐紮在一處四面環有溝渠及圍牆的堡壘中。印地安生番（這個名詞是用來區別那些已經「馴化」的印第安人）常在附近徘徊，任何人要是離開堡壘閒盪太遠，都是很危險的事。

剛開始，士兵們對小獵犬號十分懷疑：她很可能是來走私軍火給土著的，又或是為外國勢力打探情報；而且，他們尤其不喜歡那個名叫達爾

文的「自然學家」的模樣。自然學家到底是什麼意思？他每每腰間插著兩管手槍，手裡拿著地質槌上岸來到底是在做什麼？士兵們於是在海邊跟蹤達爾文，當他們看到達爾文深入一處峭壁邊動手敲砍一堆老舊骨骸時，不禁露出懷疑的表情。

千年化石出土

　　旁塔亞塔（Punta Alta）是達爾文諸多重大發現的出土地點，包括這趟初訪，以及一年後的第二次探訪都是如此。這兒是一處高度差約六公尺的低矮河岸，地層成分為圓卵石、碎石，以及一片由紅色黏土流經形成的岩層。在這片峭壁腳邊的碎石中，可以找到已成化石的骨骸，散布在大約一百六十多平方公尺的面積內。起先，達爾文沒法分辨出自己究竟挖到了什麼：總計有一支長牙、一對大爪子、一副類似河馬的動物頭骨、以及一大片已變成石頭的甲殼。除了古怪之外，這些動物遺骸還有一項共通點：它們全都很巨大，遠超過任何現今仍存活、形狀又類似的動物骨骸。

　　在1832年那個時代，有關南美洲古生物學的研究還非常之少。差不多在那之前半世紀，有人在阿根廷找到一副大地懶（Megatherium）的骨骼，並將它運到馬德里；此外，洪堡和幾名旅者也曾掘出一些乳齒象（mastodon）的牙齒，但其他就所知不多了。因此不難理解，當這些巨大的史前動物骨骼慢慢現形後，達爾文心中有多興奮。他在日記中寫道：「大地懶骨骼的超級尺寸，實在太令人驚奇了。」

　　他和柯文坦拿著鶴嘴鋤在旁塔亞塔開始工作。時間很有限，達爾文必須全神貫注蒐尋化石。「晚上也留在旁塔亞塔」，以便二十四小時全天候搜尋骸骨。骨頭蒐集得非常成功，夜晚也過得很愉快。」愈來愈多的化石骨骸重見天日，堆積在海邊。

　　達爾文開始了解到，他正在挖掘的是現代動物學裡前所未聞的物

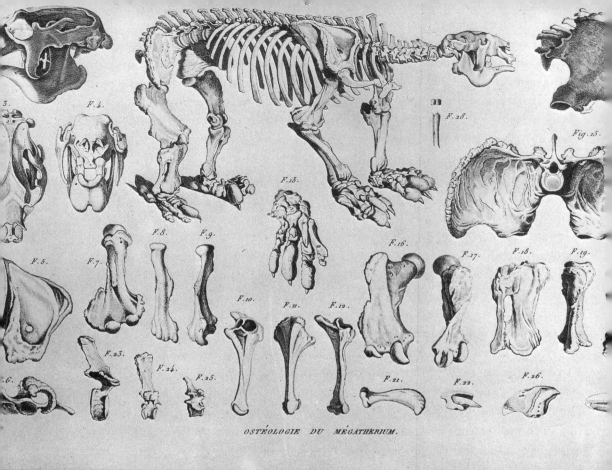

OSTÉOLOGIE DU MÉGATHERIUM.

一隻大地懶的骨骼化石。「由於歐洲只有馬德里有這種標本……單是這一副骸骨,就足以解決許多煩瑣細節。」[1]

種,而且牠們早在數千年前就已經從地球上消失了。這些化石包括大地懶的部分骨骸,這種大怪物用前肢的爪就可以採食樹頂的嫩芽;以及另外兩種同樣巨大且關係相近的野獸,巨爪地懶(*Megalonyx*)和股地懶(*Scelidotherium*)——關於後者,達爾文弄到了一副近乎完美的骨骸。

再來還有箭齒獸(*Toxodon*),這是一種長得像河馬、而且是「前所未見最怪異的動物之一」;巨大的犰狳;一種已經絕種的磨齒獸(*Mylodon*)的下頜與牙齒;一隻滑距獸(*Macrauchenia*),這是一種「很不尋常的四足動物」,長得像駱馬,卻有駱駝那麼大。

這些骨骸全都埋藏在厚厚的貝殼層中,「對於這些絕種的大怪獸而言,此處堪稱是一座完美的地下墓穴。」

神祕巨獸

在達爾文看來，這些動物最重要的地方在於，牠們的外形和現今地球上仍存活的某些動物非常相像，雖然是不同物種。例如，棲息在樹上的小型樹懶、擅長挖洞的小犰狳，以及體形精巧的駱馬。「我相信，同一塊大陸上，已絕跡動物和現存動物間這種奇妙關聯，將來一定有助於我們了解地球生物的出現以及消失。」

還有，當《聖經》裡描述的大洪水發生時，這些大猛獸究竟在哪裡？其中，尤其神祕難解的，在於達爾文發現了一匹馬的骨頭。當西班牙征服者在十六世紀首次登陸前，南美洲人從來沒看過馬這種動物。然而，這塊化石明確證實，在很久很久以前，馬兒曾經存在南美洲。

這一切是否意味著，各式各樣的物種都在不停地變化、發展之中，而那些不能適應周遭環境的物種就會滅絕？如果真是這樣，那麼，地球上現存的物種，應該和上帝最初創造的物種大不相同才對；事實上，甚至連造物過程是否可能在一週內完成，都大有疑問。造物應該是一個持續不斷的過程，而且已經進行了很久、很久。

還有一個問題，達爾文也想不通，那就是野生植物與動物數量間的關係。最後，他認為植物的數量無關緊要；至於植物的質量，「古代犀牛即使是處在現今環境中，可能也會在西伯利亞的中央大草原上定居。」達爾文指出，完全沒有證據能支持「這些動物需要靠茂盛的熱帶植物來維生」的想法。

誰是物種終結者？

旁塔亞塔並非達爾文唯一有斬獲的地點。稍後，在前往聖塔菲（Santa Fé）的旅途中，他也曾在巴拉那河（Parana River）突出的懸崖峭

壁上，找到兩副巨形骸骨。不過它們受損得很嚴重，因此，達爾文只取走了小塊牙齒碎片。

到了蒙特維多，達爾文聽到更多有關化石遺骸的消息，於是趕往調查。這些遺骸包括一副完整的箭齒獸頭顱，然而達爾文很難過的寫信給自然學家歐文（Richard Owen, 1804-1892），談論挖掘化石的艱苦：「起先，這顆顱骨被鄰近農家當成珍品保管了一小段時間，但是等我到達的時候，它已經躺在院子裡了。我用十八分錢把它買下來。」很顯然，它剛被發現時，形狀非常完整，但是被小孩用石頭砸過後，牙齒都脫落了。

1834年1月，達爾文在聖胡良（St. Julian）發現一副滑距獸的骨骸，並寫道：「我們或許會因此而下結論，認為整個彭巴草原相當於一處絕種四足哺乳類的大型墳場……」但是「我們可不能將地殼看成一座典藏豐富的博物館，而應該把它看成是只埋藏了一批量少且岌岌可危的蒐藏品。」

那麼，這許多物種到底終結在誰的手裡？

「很顯然，在漫長的世界史中，再沒有什麼事實能比地球居客反覆而大量的滅絕，更令人震驚了。」他先把「氣候變遷可能引發這次滅絕」的可能性排除掉，然後又仔細思考了許多其他理論，最後得出一個結論：巴拿馬地峽可能曾經一度淹沒在海面下。

他想的沒錯，因為在七千萬年前，根本還沒有巴拿馬地峽，南美洲是一個大島，因此上面的動物都是在與外界隔離的狀況下演化的。當地峽隆起，北美洲和南美洲連成一氣之後，這些

重新組合達氏磨齒獸（*Mylodon darwini*）的骸骨。

奇形怪狀、龐大無助的野獸終於步上滅絕的命運。

　　達爾文把標本統統搬上小獵犬號。魏克漢對於這些「古里古怪」的東西出現在他整潔的甲板上，非常反胃，抗議不該堆放「這些該死的玩意兒」。費茲羅後來也回憶道：「我們對於他一再搬些垃圾回到船上，都覺得好笑。」

　　但是，就達爾文看來，這絕非無足輕重的玩意兒，而且，想必就在這段期間，他開始和費茲羅爭辯有關大洪水故事的真實性。這些如此龐大的動物要怎樣進到方舟裡？對於這個問題，費茲羅自有答案。他解釋道，並不是所有動物都被納入方舟；基於神的旨意，牠們被摒絕在方舟之外，因而淹死。達爾文反駁道，但是牠們「果真」是淹死的嗎？許多證據，例如海裡的貝殼，證明這兒的海岸是從海底隆起的，而這些動物就分布在彭巴草原，生存情況類似今天的駱馬。費茲羅辯稱，陸地並沒有隆起；事實上是海平面上升，而那些溺死的動物的骨骸，正是大洪水曾經發生的一大佐證。

科學與聖經對話

　　在航程早期，達爾文並未準備要強力爭辯；他只是感到迷惑，他需要更多證據以及更多時間來思考。他甚至情願自己被說服，承認他心中翻騰的這些新奇、擾人的念頭都是錯誤的。他當然不希望否認《聖經》中的真理，「處身荒僻之地（指大森林），無人能毫不動容，」他曾這樣寫道：「也無法不覺得人的內在除了呼吸之外，還有些什麼別的東西。」

　　達爾文在那時候仍然認為，這樁工作只是為了要用現代科學來詮釋《聖經》。關於這一點，費茲羅非常樂意幫忙。

　　我們不妨想像，這兩人坐在狹窄的船艙中，燈火在他們頭頂上晃盪，時間在精密計時器的滴答聲中流逝，而他們面前攤放著好幾本書：費

茲羅那本翻過無數次的《聖經》，還有萊伊爾的《地質學原理》第二卷，這是達爾文剛剛在蒙特維多收到的。在他倆感覺，他們似乎真的會找出真相。

春天已悄悄降臨，這段時間可以說是再快樂不過了。達爾文幾乎每天早晨都會扛著他的新來福槍外出，為小獵犬號弄些新鮮糧食回來。

在這兒狩獵真是美妙。有些時候，他竟背了兩頭、甚至三頭鹿，另外還有鴕鳥（更不必說那些巨大、美味的鴕鳥蛋了）、野豬（他曾經射到一頭四十四公斤重的野豬）、犰狳和駱馬。駱馬是一種非常好奇的動物；達爾文發覺，只要他仰躺在地，兩腳朝天亂踢，駱馬就一定會走過來看個究竟。這時，達爾文只要跳起身就可輕易把牠射倒。

鴕鳥肉餡餅和烤犰狳是船上最受歡迎的兩道菜，一道嚐起來像牛肉，另一道則像鴨肉。費茲羅曾經向阿根廷士兵買過一頭美洲獅，大夥也將牠剝皮宰來吃了。至於魚類，他們只需把網撒進海灣裡，就一應俱全。成群的魚兒被拖上船，其中還有許多是未知品種；埃爾負責把牠們繪下來，達爾文則負責把牠們浸入酒精裡。

到了1832年11月底，吃飽喝足，船上的所有事情也都料理妥當後，他們展開下一段拉布拉他河之旅，然後要再一次往南航行，去完成費茲羅心中記掛的實驗：送巴頓和他的朋友們返回火地島上的家鄉，同時還要在那遙遠、寂寞的海岸邊，建立起一處嶄新的基督教前哨地。就在大勝灣（Bay of Good Success）邊，達爾文終於下定決心要獻身於自然史學，他希望能「為自然史學略盡棉薄之力」。

05
火地島

停泊在火地島小獵犬海峽莫瑞峽灣（Murray Narrow）的小獵犬號。
馬亭斯（Conrad Martens）的水彩畫，馬亭斯是接替埃爾的另一位隨船畫家。

1832年12月～1833年3月

整體而言，三名火地人在離開英格蘭一年的航程裡，全都表現得非常好。他們已學會一口流利英語，而且也很專心（或者說看起來很專心）聆聽費茲羅的宗教課程，此外，他們似乎也很明白身肩負的重任。

敏斯特已經宣布，返回火地島老家後，他將要娶貝絲凱特為妻。在這不久之後，他變得十分善妒，事實上，他或許也真該嫉妒，因為貝絲凱特是船上唯一的女性。如果有哪個水手和她攀談，敏斯特一定會靠近站在一旁，而且每當他必須和貝絲凱特分開時，就會露出陰鬱寡歡的神情。

我們若信得過費茲羅為貝絲凱特繪的畫像（費茲羅是一名素描高手），可以看出她生來一張頗為小巧的面龐，在難得有人相貌出眾的火地島土著中，很可能被視為大美人。在里約熱內盧停泊時，她曾經上岸居住好幾個月，由一名英國人繼續指導她有關文明生活的精確細節。

至於巴頓，仍和往常一樣快活，而且他非常渴望趕快回家。甚至連英國傳教士馬修斯，似乎都平靜且堅決地面對即將來臨的一切：寂寞但虔誠的放逐生涯。

福音計畫

這一切都很不錯。然而，只要細心思量就會發覺，這是一樁多麼怪異的舉動，又是多麼典型的費茲羅式舉動。

　　三年前，費茲羅自做主張收容這批少年，並將他們帶回英格蘭馴養，這種方式幾乎和人類逮捉野獸並加以馴養沒有兩樣。然而現在，除了派一名首次出國、毫無經驗的年輕傳教士馬修斯隨行之外，再沒有任何其他的導引協助。費茲羅就要把他們留在火地島，撒手不管，同時，他們並不是要被送到已經開化的社會中，而是要被送往一個完全未開化的地區。那兒有的只是呼嘯的狂風以及難耐的嚴寒，在那裡居住的遊牧土著只能藉著差不多和石器時代人類同樣原始的方式，勉強維生。

　　這整個事件裡頭，蘊含著一股相當令人感傷的自大。那就是費茲羅的信心，他是真的相信，那弱小可憐的貝絲凱特以及她的同伴，將能把上帝的榮光傳到火地島野人之中。他有一項理論，認為世界上沒有所謂不同人種這回事；我們全部都是亞當和夏娃的後代，而他們兩人打從一開始存在，就已完全成熟、開化了，否則他們怎麼可能存活下來？但是，亞當和夏娃的子孫漸漸變壞了；人們遷離開聖地愈遠，去到世界愈原始的角落，和文明的接觸就愈少，就像這些可憐的火地島人。但是，他們也有得救的可能。我們需要做的，只不過是把文明以及對上帝的了解，還給他們，因為這些都是他們的祖先最初在伊甸園中就已經擁有的了。

　　還有另一件插曲，更加彰顯出這樁任務的不切實際。倫敦傳道會（London Missionary Society）也贊助了一批物品，這些物品如果擺在英國鄉間或許很管用，但是把它們擺在這片冰天雪地的荒野中，幾乎看不出有什麼大用。除了一些比較合理、實用的物品之外，他們還提供了夜壺、茶盤、陶瓷餐具、玻璃酒杯、附蓋子的大湯盤、海狸帽、白麻布，以及天曉得其他什麼精緻用品，好讓這群土人能開開眼界，見識一下在地球另一端，文明進展得有多快速。

　　火地島的氣候極為惡劣，算得上是全世界最差的地方之一。即便小獵犬號是在南半球的盛夏季節抵達，在她試圖繞過合恩角時，依然得和滔

這張畫一度被認為是在描繪麥哲倫海峽中的小獵犬號和冒險號，繪畫者為卡麥克（J. W. Carmichael）。

天巨浪搏鬥達一個月之久。有一次，一個巨浪撲打過來，捲走了船上一隻小艇，要不是他們及時拉開左舷，讓海流通過，這條船恐怕早就翻覆了。

　　但是，航海技術高超的費茲羅依然堅持不屈，最後終於把大家帶到一處安全的下錨地點，該地名叫葛瑞路茲（Goree Roads），位在小獵犬海峽（Beagle Channel）入口處，這個海峽是因為小獵犬號前次航行經過而得名。在這兒，冰河直接伸入海洋，陸地上長滿山毛櫸林又覆著皚皚白雪的高山，則隱沒在一團迴旋的暴風迷霧中。

深入土著營地

　　乍見火地島土著，達爾文的第一個想法是：他們與文明人的相似程度，遠不如他們和野生動物那般接近（而這個想法，在他後來思考並寫下人類系譜時，曾令自己大為震驚）。

　　他們是一群軀體肥大的傢伙，長髮糾結，面色鰲黑枯槁，臉上還繪有紅、黑色條紋，眼眶外則畫上白色圈圈。他們用鋒利的貝殼來刮鬍子及眉毛。除了肩上披一件駱馬皮做成的短斗篷，全身沒有其他衣物。他們的皮膚近乎銅色，而且還在身上抹滿油脂。他們對寒冷的耐力最是驚人。有名婦人乘著獨木舟來到小獵犬號旁邊，她懷裡抱著嬰兒，正在哺乳，然而當風浪顛簸，雨雪灑落在她赤裸的胸上時，她依然神色安祥地坐定舟上。

　　在岸上，土著就睡在常遭雨水灌入的簡陋皮屋中的潮濕地上。他們不事耕作，食物來源是多樣摻雜不固定的，在不定期的節慶中有魚、貝類、鳥類、海豹、海豚、企鵝、蕈類、和偶有的海獺。火地島人的語言聽起來像是一連串咳嗽的喉音所組成，不過既非不友善、也不是害怕情境下所發出的聲音。

居住在聖誕灣（Christmas Sound）的火地島土著。

火地島地圖。

當達爾文和水手們登上岸，土著們便圍上來非常好奇地輕拍他的臉和他的身體，而且他們也有很強的模仿力，達爾文做的每個姿勢和說的每一句話，他們都能模仿得惟妙惟肖。當達爾文對土著們扮鬼臉，他們能會意地露齒微笑，而且也對達爾文扮了個鬼臉；水手開始唱跳水手特有的號笛舞時，他們也顯得很開心；後來，看到最高的土著被叫出來和英國人背對背比較身高，以便判斷土著高度，他們也覺得很高興。水手們本想邀土著一塊比賽角力，卻被費茲羅阻止了，他擔心情況會演變得太過暴力。

巴頓對於土著的滑稽怪狀感到難堪，由於他已經攀上了文明的階梯，因此心中不免有些優越感，而貝絲凱特也跑開了。巴頓解釋道，這些

土著並不是他的族人；這些人比較差、比較原始。費茲羅特別留意馬修斯，想觀察他的反應如何。馬修斯顯得有些憂鬱，但他表示，這些土著「並未比他所預期的更糟。」

巴頓與家人尷尬重逢

於是，他們將倫敦傳道會所贈送的貨物裝上四小艇（當水手搬到便盆時，忍不住大笑起來）。然後大夥便順著小獵犬海峽的安靜水流，航向巴頓的故鄉彭桑比灣（Ponsonby Sound）。天空奇蹟似的放晴了，明媚的陽光灑在這片原始大地上，雪地和森林被照得閃閃發亮。

就在他們抵達彭桑比海灣時，岸上傳來一陣高聲歡呼，而且還有一隊獨木舟前來歡迎。他們隨即來到一處安祥舒適的小海灣，那兒有一片青蔥草地，點綴其上的鮮花一路往後延伸到樹林中，而他們也決定要把新基地設在這裡。

當時的場景想必是透著點怪異，又透著點歡樂：大約一百名火地島野人站在四周，全神貫注地觀看水手搭建帳篷，只見這群白人合力撐起三頂北美印第安人慣用的帳篷，一頂給傳教士馬修斯（他早先似乎是在還不太了解狀況、也還沒下定決心的狀態下，加入這趟任務；無疑的，現在他正努力壓抑心底的焦慮），一頂給巴頓，另一頂則給敏斯特和貝絲凱特。這個部落裡的女人對貝絲凱特尤其親切。

接下來，水手們開始翻土，建造一座菜園。到了黃昏，當水手們脫去衣服清洗自己時，土著圍在一旁，看他們洗澡的動作，以及他們身上的白皮膚，那些土著全都目瞪口呆，無法分辨到底是洗澡、還是白皮膚比較怪異。入夜後，他們全部圍坐在營火四周，水手在凜冽的寒風中顫抖，火地島土著卻因營火的熱氣而冒汗。

當巴頓的母親、兩個姊妹以及四個兄弟趕來時，出現了頗尷尬的場

（左圖）巴頓的族人向小獵犬號船員歡呼致意。（左圖）靠近彭桑比灣附近，一處名叫比維克（Bivouac）的地方。「巴頓現在可是來到一處熟悉的區域，於是導引獨木舟，前往一處名叫烏麗亞（Woollya）的小海灣，這兒恬靜、美麗，四周小島環繞……」

面。女性家屬們一看到巴頓穿著皮靴和英國服飾站在那兒，馬上跑開躲起來。巴頓已完全忘掉自己的家鄉土話，「聽到他用英文對他的野人哥哥說話，接著又用西班牙文詢問對方是否聽得懂，真是令人發噱，但是幾乎可以說也很令人憐憫。」野人兄弟什麼也沒說，他們把他環繞在中間，就好像陌生狗兒首次碰面的情況。然而第二天，巴頓為他們都穿上衣物之後，情況就變得比較友善了。

五天之後，費茲羅決定要讓馬修斯自己來掌控局面一陣子，而他則要帶領其他船員出發探測小獵犬海峽。他們見到的景色，壯麗得難以用筆墨形容。冰河直接注入靛藍大海，發出半透明的藍色光芒，而他們的小艇則緩緩地從高山峻嶺以及冰崖峭壁下經過。

他們發現了一處適合紮營的地點，那是一片突伸入海的狹長陸地，位在一處特別巍峨的山峯下，山峯海拔約有兩千多公尺高。他們把小艇拖上沙灘，並升起一堆火。距營地不遠處，有一條懸在峭壁上的冰河，費茲羅和達爾文一同走過去觀賞，讚嘆冰柱的美麗色彩。

正在這時，一大塊巨冰突然自懸崖脫落，摔進海中，發出雷鳴般的聲響，聲音在群山間來回振盪。一個大浪立即捲入海峽，沖上這片狹長岬地，把他們的小艇高高拋起，就彷彿在拋幾根乾草似的。

這真是危急時刻——他們距離母船小獵犬號有百公里之遠，一旦小艇和糧食被捲入大海，他們將會陷入進退兩難的險境。達爾文動作非常迅速，他和兩名水手在海灘上一路衝刺了將近兩百公尺，及時趕在第二、第三個大浪把他們沖倒之前，捉住繫船繩索。費茲羅覺得很感激，於是他把這處紮營地後面的山峯命名為達爾文山。

向食人族傳教

達爾文從來就不認為，費茲羅對火地島野人所做的實驗有絲毫成功的希望。達爾文既不喜歡也不信任他們。

在首次接觸之後，火地島野人變得愈來愈需索無度；當他們想

薩緬托山（Mount Sarmiento）山腳下的小獵犬號。

要一件東西，例如小刀、手帕、床單時，就會發出「亞末史谷拿」
（yammerschooner）這個字眼，才過了沒多久，他們便開始整天不停的
「亞末史谷拿」，而且態度愈來愈激烈。

白諾曾親眼目睹一樁殘酷行為，令他心驚不已。一名火地島小孩不
小心弄翻了一滿籃海鷗蛋，孩子的父親在盛怒下，一而再地推他去撞石
頭，直到他被撞得血肉模糊，最後被扔在一邊，孤伶伶地死去。

巴頓曾告訴達爾文，火地島人是食人族；在特別寒酷的冬天，他們
有時會把妻子宰來吃掉。同時，達爾文也轉述了一段話，那是一名獵海豹
船船長與一名火地島小男孩的對話。船長很好奇問男孩，火地人為何不吃
狗（而要吃女人）？小男孩答道：「狗會捉海獺，女人沒有用，男人非常
餓。」老天爺！活生生的食人族，這件事若告訴蒙特莊園和梅廳的人，真
不知他們會作何感想？達爾文寫信給卡洛琳姊姊：「我只要聽到這群令人
憎惡的蠻子聲音，就覺得反胃。」

至於費茲羅，他倒是做過許多火地島人習俗的調查研究，尤其是火
地島東南角的塔基尼卡族（Tekeenica tribe），據他描述，他們「是人類
的諷刺……是這片悲慘大地上的悲慘負擔。」他們的體形矮小佝僂，那是
因為他們習慣長時間蹲在狹小的帳篷或獨木舟裡所造成的。女人們用海豚
的下頜骨來梳頭；「這些火地島女性土著身高大約四英尺多一點。稱她們
為『女人』，算是客氣的稱呼。」他們的膚色近乎老舊的胡桃木；「頭頂
上那篷粗糙、劣質而且極端骯髒的黑髮，蘊含並加深了一股邪惡的神情，
而邪惡是所有野蠻特性中，最糟的形容詞。」

因此，當組員們再度返回基地，發覺在他們離開這十天當中，土人
已經占領該處後，其實完全不覺得意外。馬修斯出來迎接他們，神情非常
激動，他述說了一段可怕的遭遇。

就在小獵犬號組員剛剛離開時，土人就開始偷竊他的財物，於是他

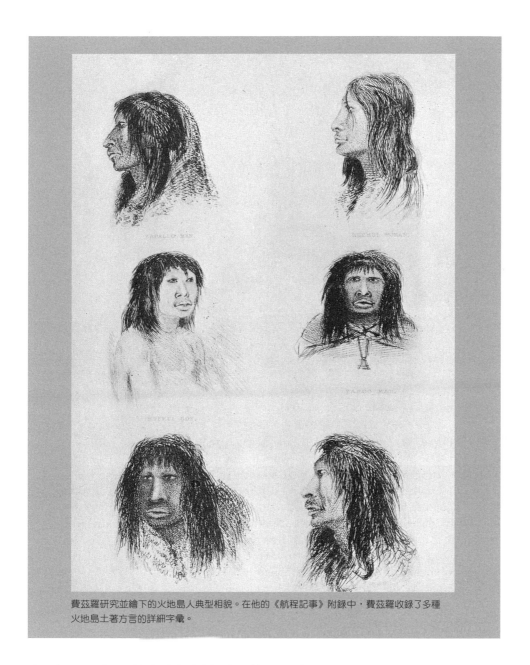

費茲羅研究並繪下的火地島人典型相貌。在他的《航程記事》附錄中，費茲羅收錄了多種
火地島土著方言的詳細字彙。

出面阻止，但卻被土人打倒在地，甚至還威脅要殺死他。菜園也被踐踏得
一塌糊塗，而且情況一天比一天糟；當他和巴頓試著勸阻時，火地島土人
只管大笑。巴頓也和他一樣受到土人騷擾，但是沉默寡言的敏斯特卻站在

塔基尼卡族土著:「他們的膚色近似老舊胡桃木,或者也可說是介乎深銅與黃銅色之間。與佝僂、彎曲的四肢相比,他們的軀體算是相當龐大。」[N]

　　土人那一邊,而沒有遭殃;還有,奇怪的是,小貝絲凱特現在竟然連走出房門來會見小獵犬號上的友人都不肯。她不願意再和白人有任何瓜葛。

　　費茲羅深受傷害,他覺得既震驚又狼狽。他對這些人並沒有惡意,

只是想幫助他們而已。他們為什麼要這樣對待他？然而，他不會就這樣放棄希望。馬修斯，他當然會載他回去，但是其他人必須留下來，努力讓他們的野人同胞看見光明。他把斧頭發放給站在四周、神色陰沉的火地土著，並將巴頓和敏斯特託付給上帝，然後便啟程離開，口裡保證一定會再回來。

事實上，他足足一年後才再度回到這裡。

到了1833年2月底，他們再度往東北方向航行，期間曾在福克蘭群島（Falkland Islands）停留了一小段時間。費茲羅認為這些島嶼非常適合做為罪犯流放地，「一個完全由罪犯組成的部落……充分供應生活所需，但是沒有奢華可享。」就在這兒，小獵犬號上的書記官海萊爾（Edward Hellyer）於出外射野鴨時不幸溺斃。由於他急著想射下某些從未見過的野鴨品種，單獨帶著槍離開母船。之後他一直沒再回來，小獵犬號出動了一組人馬，到處搜尋，結果白諾發覺他死在距離母船約一、兩公里外的一處小灣中，屍體被水草纏住，沒在水面下。

這件意外發生後，小獵犬號再度啟程測量阿根廷海岸線，而達爾文也趁機上岸進行了兩趟很棒的南美內陸之旅。不過，我們不妨在這兒，便趁先交待一下火地島土著故事的結尾。

別了，巴頓

一年後，當小獵犬號折返火地島，以前建立的基地已然荒廢。敏斯特和貝絲凱特早已把營帳，連同巴頓的物品，一塊拆走，並加入火地島野人。

巴頓本人還留在原地，但是他已經棄絕了文明，就彷彿他從來不曾知道文明的存在般。他的歐洲服裝已被一條纏腰布取代，整個瘦得可怕，而且原本光滑柔亮的頭髮，如今也成為一篷粗糙的亂髮，蓋在他那彩繪過

的臉孔上。「我們幾乎認不出那就是可憐的巴頓，」達爾文說道：「等我們發現他的時候，他已變成一個半裸、削瘦又汙穢的蠻子，不再是我們離開時那個裝扮整齊、清潔的壯碩少年了。」

不過，他依然很友善。他特地乘著獨木舟來到小獵犬號身邊，帶著禮物（海獺皮送給費茲羅和白諾，另外送兩支矛頭給達爾文），而且，他還留在船上吃了一餐飯；「他依舊像從前一樣，很整潔地用完晚餐。」但是他宣稱，絕不會重新加入費茲羅他們。他已經找到一個老婆（她正不停地從獨木舟裡叫喚他，但說什麼也不肯上船來），這些人才是他的同胞，這裡才是他的家鄉，他和文明已經永遠一刀兩斷了。

眼看所有計畫都要泡湯了，費茲羅竭盡所能的想要拯救——至少這一個靈魂。他和巴頓懇談，他拿出披肩當禮物，還送了一頂鑲有蕾絲金邊的帽子，給他坐在獨木舟上那個矮小、怪模怪樣的老婆。但是，巴頓的態度

位在馬格達蘭海峽（Magdalen Channel）希望港（Hope Harbour）的火地島人帳篷。

巴頓（左）和他的妻子（右），時間為1834年。「這真的是巴頓——但是，他改變得多厲害啊！……他的頭髮又長又亂……瘦得只剩皮包骨，而且雙眼還被煙火弄傷了。」[N]

非常堅決。他划著小舟返回岸上，而大夥最後看見的他，是一個小小的黑點，就著營火，站在那兒拚命地揮手——就像達爾文所形容的，「一次長長的揮別」。

不論費茲羅究竟從這個事件中領悟到什麼，至少在達爾文看來，事實卻很明顯。把這幾名火地人帶到英格蘭去，對他們造成的傷害多於益處；短暫的窺視一眼文明，只不過令他們從此更難在自己的家鄉存活。沒有人可以用這種方式干擾大自然，而希望獲致成功。

面對原始民族的重點在於，他們只有在不受干擾，而且自由適應周遭環境的情況下，才能存活。你若插手其中，他們就會滅亡。美國的印第安紅人正在滅絕之中，就連澳洲的原住民也是一樣。

火地島土著的厄運果然來得夠快。到了十九世紀末，三種火地島土著民族都瀕臨絕種。就拿住在西方海峽（Western channels）的獨木舟民族艾拉卡魯費人（Alacalufe）來說，在1830年代達爾文造訪該地的時候，人數約有一萬；然而，到了1960年，整族人口卻只剩下一百名不到。

06
彭巴草原

幾名彭巴印第安人,站在布宜諾斯艾利斯的印第安市集上的小店鋪前。
達爾文去到的時候,彭巴草原上的大部分印第安人都已成為無家可歸的遊民,
終日晃蕩。

1833年3月～1833年9月

大約從這個時候起，大夥便開始注意到費茲羅天性裡頭那股死硬脾氣，一股與日俱增的張力。他的計畫愈是失利、面前愈是困難重重，他的決心也愈堅定。他並沒有和手下組員失掉同袍之情——費茲羅這人永遠不會變成像是布萊船長 [1] 那樣的人；但是，他的個性裡頭慷慨、仁慈的一面，卻漸漸隱沒在他對完美的無窮盡追尋之下。

費茲羅是一名技術高超的地圖繪製者，然而，要在幾乎難得停歇的暴風雨中，測量南美洲海岸線，實在是一件太過艱巨的任務，而且想靠單獨一艘船來完成，也委實太沉重了些。既然事實如此，他便決定要尋求額外的船隻來協助完成這項任務。卡在這麼重要的節骨眼上，可沒時間慢慢請示英國海軍總部；他將暫時自掏腰包墊付所需款項，事後再向總部報帳請款。

於是，費茲羅便開始包租兩條小船，到後來，乾脆以一千三百英鎊的價錢，買斷一艘重達一百七十噸的美國籍獵海豹船，這艘船幾乎和母船小獵犬號一般大。費茲羅為她重新命名為「冒險號」（Adventure）：「我一直非常期望擁有一艘友伴船艦，一方面用來運貨，另一方面她還能

1　譯注：布萊（William Bligh, 1754-1817）是英國海軍將領，在擔任軍艦船長期間，因作風強硬，曾遭船員譁變，被棄置救生艇上。

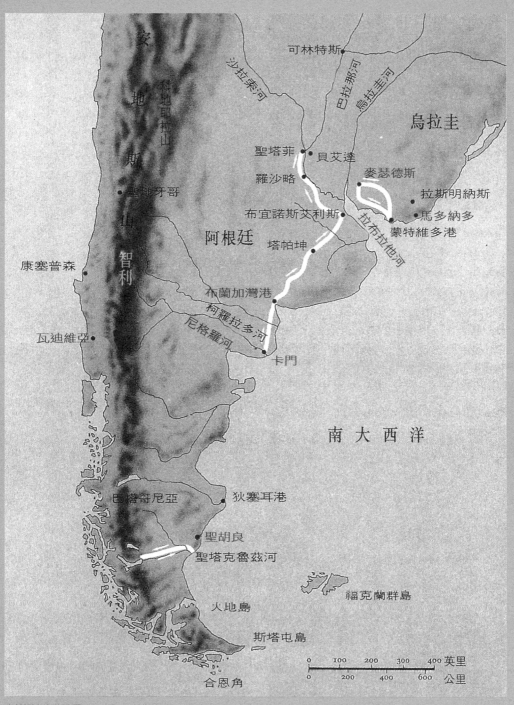

南美洲東岸的地圖。

陪伴小獵犬號,而且配備也齊全到只靠少數人手就能輕鬆操作。」

費茲羅必須重新整修這艘船,所以他得駕著小獵犬號來來回回於蒙特維多和巴塔哥尼亞海岸之間,以便補給他的迷你艦隊。但是,只要工作有進展,其他事情全都無關緊要。因此,接下來那十八個月對於費茲羅來說,是一段非常緊張的時期。由於工作過度,他變得日益消瘦和神經質,同以前一樣,他又再度退縮回自己的小殼中。

達爾文的蛻變

達爾文這邊情況剛好相反。到了這個時候(1833年春天),他已經學會航海訣竅,最後僅存的一絲猶豫和生澀均蕩然無存,他已經蛻變為一名很有用的成員。將來要進教會任職的念頭也愈來愈淡,倒是自然史占據了他的全副心神。

「世界上再沒別的事比得上地質學,」他寫信給凱瑟琳:「不論是獵松雞的第一天,或是狩獵季的第一天,那種快樂都無法和發現一組完好化石骨骸的樂趣相比,這些化石幾乎是用一種活生生的語調,訴說它們遠古以前的遭遇……只要時間許可,我竭盡所能蒐集每一項活著的動物,捕捉並處理牠們。」從他那本每日忠實記載的日記裡,我們可以看出,他的信心正逐步增強,他的想法漸漸成形,而他的推測也漸漸固結成為理論。

到了5月,當小獵犬號啟程進行海岸測量,達爾文在馬多納多(Maldonado)上岸。這是一個非常安靜、孤獨的小鎮,位在拉布拉他河口,達爾文總共在這兒待了十週,採集哺乳類、鳥類以及兩棲類動物標本。期間,他曾經深入內陸一百一十多公里,遠達波蘭可河(Rio Polanco),進行了一趟為期兩週的旅程。迫於該地情勢,他不得隨身帶著兩名全副武裝保鏢,以及十二匹馬;就在一週以前,一名來自蒙特維多

的旅者，被人發現死在途中。

　　達爾文一行人寄住在夫恩特斯（Don Manuel Fuentes）家中，他是一位富有的地主。夫恩特斯全家人都圍著達爾文，爭看他帶來的稀罕物品，像是指南針、火柴盒等等。在那兒，達爾文被公認就算不是個瘋子，也是一個怪物。「人們看我的眼神相當和氣，但是其中透著憐憫及好奇……由於我被當成是一個絕頂怪人，我甚至曾經被人帶去展示給一位生病的婦人看。」

　　返回馬多納多後，達爾文又花了好幾週時間打包骨骸、岩石、植物，以及鳥類或其他動物的皮毛等，好將它們寄回英國老家去。單在其中一本筆記本裡，他就已列出一千五百二十九件標本，從魚類到蕈類，全部浸泡在酒精裡送回英國。「在這兒，我的鳥類及四足動物採集工作，簡直完美極了。幾位經紀人徵召了鎮裡所有的小男孩來協助我，他們幾乎天天都能交給我一些奇特品種。」

　　不過，對於位在地球另一端的韓士婁來說，可不見得每次都能輕易弄懂自己究竟收到了些什麼，「我的天啊，標號233的到底是啥玩意兒？」有一次他這樣寫道：「它看起來一團焦黑，好像是電線爆炸後的殘餘物。我敢說，這一定是某件很新奇的東西。」

草原上的滅種戰爭

　　7月底，小獵犬號在馬多納多接回達爾文，接著便航向位在巴塔哥尼亞的卡門（El Carmen）。

　　現在的達爾文，已經準備好邁向他第一次的長程內陸之旅。卡門位在距離尼格羅河（Rio Negro）上游，距河口二十九公里處，是整塊美洲大陸上，最南端的文明人據點。布宜諾斯艾利斯位在它北方約九百六十多英里處，兩城之間是一片平原——彭巴草原，屬於未開發地區，印第安生

座落在巴塔哥尼亞高原上的卡門鄉村景致。

番經常在草原上遊蕩、狩獵。他們一旦被惹火，會變得相當兇蠻。此外，他們也是騎馬好手；他們依然維持原始的信仰，認為天上的星宿都是古代印第安人的化身——例如銀河，是古代印第安人獵鴕鳥的草原，麥哲倫星雲則是被印第安人宰殺的鴕鳥身上的羽毛。

現在，印第安人正在為了自己的生命而與阿根廷人交戰，阿根廷人則是為了覬覦印第安人的土地而戰，因為他們需要更多土地來放牧日增的牛羊牲口。事實上，這根本就是美國中西部故事的重演，只不過在這兒，掙扎求生更為原始和無情。當然，印第安人這一場對抗滅種之戰，是一場必敗的戰爭；從前，彭巴草原上可以找到人數約為兩千到三千的印第安村莊，然而等到達爾文去到的時候，大部分印第安人都已成為無家可歸的遊民，終日在草原上晃蕩。

阿根廷軍方總司令羅薩斯將軍（Juan Manuel de Rosas, 1793-1877）已經駐紮在卡門北方約一百三十公里的柯羅拉多河（Rio Colorado）附近。那兒很靠近布蘭加灣港，也就是達爾文先前發掘到許多史前遺骸的地方，同時也是該地區唯一有文明人移墾之處。

從柯羅拉多河開始，羅薩斯設置了一條單薄的補給線，由一連串輕騎兵駐守的哨站組成，往北一路延伸到布宜諾斯艾利斯。這些哨站（其實它們只是廣大平原上的小點點）之外的區域，仍然是杳無人煙的荒原。荒原上，無論何時何地，只要逮到機會，印第安人都會對行經過客發動間歇性突襲。

達爾文的構想是，先從卡門騎馬到柯羅拉多河，與羅薩斯將軍接頭後，再沿著哨站一站站騎到布宜諾斯艾利斯。他之所以提出這個計畫，令人懷疑部分著眼點可能是為探險而探險，不過從表面上看來，則是因為這是實地調查彭巴草原的地質及動植物區系的唯一方法。

身為冒險者和探險家的費茲羅，批准了達爾文的計畫；事實上，這一切看在費茲羅眼裡一定也十分有趣：眼看著兩年前他從倫敦召募來的那名毫無經驗的熱血青年，如今成長為眼前這名充滿自信心的老手，任何地方都願意去，任何事情都願意做，只要能有益於科學和宗教——沒錯，宗教當然也包括在內；誰敢說在那片廣大未知的內地上，不會發現能驗證《聖經》真埋的事物？

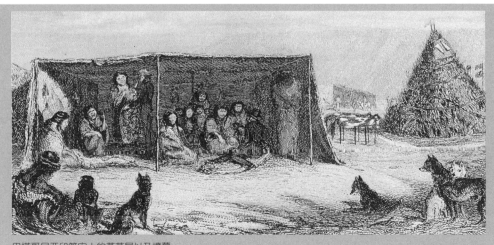

巴塔哥尼亞印第安人的茅草屋以及墳墓。

不過，首先還是得合理謹慎地處理安全問題；達爾文必須找一名嚮導以及一小隊保鏢，同時，小獵犬號也要先和達爾文預約在旅程中途布蘭加灣港見個面，那兒距卡門約八百公里路。到時候如果一切順利，達爾文就可以繼續後半段旅程，前往布宜諾斯艾利斯。

達氏美洲鴕

有一名住在卡門的英國人哈里斯（Harris），他也是費茲羅雇用帆船的船主之一，自願充當從卡門到柯羅拉多河流域這段行程的嚮導。他們另外聘了六名高卓人擔任護衛，然後達爾文一行人便於8月11日揮別小獵犬號同伴，出發往內陸探險去了。

他們的路線最先得經過一片沙漠，令他們驚訝的是，如此乾枯的平原，竟然也能維持許多不同鳥類及生物的生存所需。有一種鴕鳥，正式名稱為美洲鴕鳥（Rhea，又稱為三趾鴕鳥），體形小於非洲鴕鳥，老是喜歡在他們面前行動。牠們奔跑時會將兩翼張開，而且當「波拉斯」（bolas，高卓人的武器之一，稍後會解釋）越過天空時，牠們也會在地面上跟著追趕。對達爾文來說，這一切彷彿舊日狩獵時光倒流。

他對這些鴕鳥特別有興趣。大約二十到三十隻鳥兒成群結隊，襯著清朗的天空，「展現出非常莊嚴的形象」；「要策馬追上牠們，與牠們並肩一小段距離並不困難，但是接下來，牠們把翅膀一展，好似順風中張了滿帆，把馬匹遠遠拋在身後。」來到情況不同的鄉間，鴕鳥會欣然戲水；稍後達爾文曾經兩度在聖塔克魯茲河（Santa Cruz River）目睹牠們橫游河面，該處水流湍急，寬約三百六十公尺。「當牠們游泳時，身體露出水面的部分很少；脖子略微往前伸，而且速度相當慢。」

牠們的築巢習性也很不尋常：許多隻雌鳥共用同一個窩巢，有時一只窩巢裡的鳥蛋甚至多達七、八十枚，不過一般常見的還是二、三十枚。

高卓人用波拉斯來狩獵鴕鳥。

圍聚營火邊的高卓人,他們是南美洲彭巴草原上馴養牛羊的牧人,過著豪邁不羈的生活。

達氏美洲鴕。達爾文由高卓人那兒得知這種罕見鴕鳥：「他們說，牠的色澤深黯、雜著斑點，而且牠和一般鴕鳥相比，腿較短，羽毛也較低垂……很榮幸的，顧爾德先生在描繪這個新品種時，以我的名字來為牠命名。」

負責坐窩抱蛋的是公鴕鳥，牠在抱蛋時如果受到騷擾會變得非常蠻橫，甚至敢追逐騎馬的人。要分辨雄鴕鳥和雌鴕鳥很容易，雄鳥不僅羽毛色澤較深、頭較大，而且還會發出怪聲，「那是一種單調又低沉的嘶聲；我第一次聽見的時候，正在一堆小沙丘之間，我還以為是某種野獸的叫聲，因為這種聲音很難判斷究竟是從什麼方向、從多遠的地方發出來的。」

達爾文曾經逮到過其中一種特殊、稀有且生性機警的鴕鳥，並送回英國動物學會；後來，這種鴕鳥就以達爾文的名字來命名，叫做達氏美洲鴕（*Rhea darwini*）。

躍動的生命

隨行的高卓人要是捕到了美洲獅，就會在曠野裡燒烤起來，味道鮮美如小牛肉；鹿和駱馬則經常射得到。

在他們的狩獵行進間，身邊總有不速之客禿鷹和老鷹一路相伴，因為牠們酷好血淋淋的場面，有時甚至遠從好幾公里外趕來。長著尖銳外翻的指爪、一對殺氣騰騰的利眼、以及從雙目中央突出的鉤嘴，這些鳥兒會直直地俯衝到屍體上，幾分鐘之內，就把它啄食成一堆白骨。

只要有機會，牠們也會吃人。達爾文寫道：「你只要先在荒涼的平

原上走動一番，然後躺下來睡個覺，你就能體會卡拉鷹（Carrancha）的食屍癖好了。因為當你醒來後，你將會發現，身邊每一個小丘上都站著這類鳥兒，用邪惡的眼神很有耐心地打量著你。」這些討人嫌的鳥兒還具有諸多噁心的習慣：牠們經常在屠宰場附近盤旋、咬啄馬背上的傷口，以及監視母羊生產，以備宰殺剛出生的小羊。

草原上的小動物也令人著迷；像是臭鼬或非洲艾鼬的動物，經常自信滿滿地跑過，把臭味無禮地釋放進黃昏的空氣中，氣味可以瀰漫達四、五公里之遠；「可想而知，所有動物都會心甘情願挪讓空間給臭鼬。」

體形小巧、貌似鼴鼠的土古鼠（tuco-tuco，櫛鼠的一種）會從牠的地洞中，發出刺耳、空洞的尖叫聲；「我們或許可以簡單明瞭的稱牠作『齧齒動物』。」牠的名字是源自牠在地底反覆發出的簡短咕嚕聲；當土古鼠生氣或害怕時，就會叫個不停。脾氣溫馴的犰狳，動作總是要比達爾文快半拍；達爾文從來沒辦法趕在牠掘土遁入沙中之前翻身下馬。「要殺死這麼乖巧的小動物，真是令人覺得不忍，」這話出自一名高卓人口中，當時他正在一隻犰狳的背上磨刀：「牠們多麼安靜。」犰狳如果連殼一塊燒烤，味道特別好吃。

接下來，當他們進入到一處比較富庶的鄉間後，開始碰到松雞、黑頸天鵝，以及清晨時分在池塘水面投下亮麗粉紅倩影的紅鶴。這段期間，達爾文非常密集地摘記下這些鳥兒的資料，牠們的習性、飛行方式、產卵以及歌聲等：「甜美無比……在樹籬底下，鳥類會像動物般奔跑，並不輕易飛行，也不喧嘩……高蹺鷸叫聲好似小狗狩獵時的吠聲。」

那時他已全心投入在工作中，習慣忙碌不休的生活，因此稍後他曾這樣寫道：「我相信自己將來一定會身體力行以下的信念：只有尚未發覺生命價值的人，才會膽敢任意浪費一小時光陰……再沒什麼事情比懶散更令人受不了的了。」在1833年8月17日的筆記中，達爾文隨手寫下這麼一

一種名叫倭犰狳（pichiciego）的犰狳。「如果想要捉到牠，你在剛被牠發覺那一刻，幾乎就得翻身下馬才行；因為這種動物在軟泥地中的挖洞速度奇快無比，你才下馬，牠的後腿可能正剛好消失在地洞口。」

專門吃食腐肉的卡拉鷹（*Caracara vulgaris*）。

段話：「整天只在殺時間（因為被大雨困住了）……沒有書本……我真羨慕那幾隻在泥地裡打滾的小貓。」他沒法忍受任何方式的無所事事。9月4日：「無聊得難受……發現書本，真是令人開心至極。」10月：「無聊……黃鸝鳥……鳴聲悅耳。」

牧羊犬養成教育

他們曾經在一座牧場裡度過一晚，這座牧場的主人是英國人。在這兒，達爾文觀察到奇特的牧羊犬飼育方法。按照這種方法養大的牧羊犬，能夠在距離房舍老遠的地方，看守一大群羊隻。

首先，在牠們還是剛出生的小奶狗時，就要把牠們和母親分開，移到羊堆裡去過活。「由一隻母羊負責每天餵奶三、四次給這小傢伙吃，同

時還要在羊欄裡為牠準備一只羊毛做成的狗窩；不准牠和別的狗或是農莊小孩打交道。」小牧羊犬通常還會被去勢，因此，就算牠長大成狗，也不會渴望離開羊群。於是就好像一隻普通狗會護衛主人般，這些狗兒自會護衛羊群。如此一來，羊群鮮少會遭到攻擊，即使饑餓的野狗也不會攻擊羊群；因為當野狗看到牧羊犬和羊群混在一起，似乎很覺困惑，所以不願攻擊一群「羊狗」。

通常每到夜晚，達爾文一行人馬就會在曠野中紮營生火，馬鞍當枕頭，鞍褥充被單。這幅畫面看在達爾文眼中別具魔力：馬兒栓繫在營火旁，他們吃剩的晚餐，一隻鹿或鴕鳥，散置在地上，土古鼠從地底發出鳴聲，人們邊抽雪茄邊玩牌，只有狗兒還是保持警戒。不過，只要黑暗中傳來任何不尋常的聲音，一切活動都會暫停。他們會趴下身，以耳貼地，仔細聆聽；因為任誰也算不準印第安人會選在何時、用何種方式發動突擊。

帥哉高卓人

達爾文真是愛死這些高卓人了。他們就好像老皮靴般粗糙、堅韌。即使在早期還無拘無束的年代裡，他們就已經是圖片裡頭經常出現的人

聖彼得河（Rio San Pedro）附近的牧場。

了：唇上蓄著小鬍子，黑髮垂落在肩上，身著猩紅色斗篷，底下是寬大的馬褲，白皮靴上附著斗大的馬刺，腰帶上掛著刀劍。他們極有禮貌，達爾文形容他們看起來「彷彿會在割你咽喉的同時，向你一鞠躬。」

高卓人的食物是肉類，除了肉類，別的都不吃，而且慣用獸骨做為燃料來煮食。他們有一種相當怪異的狩獵方法：所有人都朝不同方向散去，然後在某個約定時間（全靠臆測得中，因為他們沒有報時的方法），全員集合，並將各人所聚集到的動物都驅趕到某個中心點，在那兒，他們動手宰殺動物。

不打獵的時候，高卓人喜歡彈吉他、抽菸，有時也會因醉酒而拿著刀劍小小打鬥一番。他們是卓越的騎師；不論在任何情況下，墜馬這回事都不會出現在他們的腦殼裡。和滑冰者溜過薄冰的道理相同，他們會以全速策馬奔過一些粗糙路面，因為路面太過粗糙，若用慢步反而無法通行。他們強迫自己的馬匹游泳渡過大河；他們會裸身騎馬涉入河中，一旦水深超過馬匹高度，他們便滑下馬背，抓緊馬尾。每當馬兒想轉身時，主人就

高卓人的賽馬場景。

高卓人拋擲狩獵武器的方法：
左圖是拉索（lazo）；「當高卓人打算使用拉索時，他們握繩的手上會抓一小圈繩子，另一隻手則揮舞一只非常大、直徑幾乎達八英尺長的活繩套。」
右圖是波拉斯（bolas）；「高卓人手中握住三顆（石子）中最小的一顆，至於另外兩顆，則在頭頂上方甩動；然後，瞄準目標，發射，於是它們便有如連發槍彈般，劃過空中。」

把水花潑到牠臉上，驅趕牠繼續前行；有時主人甚至被馬兒從身體一側拋到另一側去。

　　高卓人的狩獵武器叫做「波拉斯」，那是由二到三顆石子綁在皮帶一端做成的。他們把這條皮帶繫在頭上，狩獵時，他們會一邊騎馬追逐，一邊用波拉斯去投擲動物，把動物的腳絆住，使牠們摔倒。高卓人打從孩童時代就學會這一招了，他們用小型波拉斯拿狗來練習，而且這個動作通常得在快馬奔馳的狀態下完成；達爾文曾經試著讓座騎用小跑步的速度練習，結果卻令高卓人笑彎了腰：只見達爾文成功地把自己的座騎絆倒，摔了個四腳朝天。

　　在穿越柯羅拉多河的第三天，他們看到一大隊母牛正在橫渡大河。這一大隊母牛是兵士行軍時的糧食。達爾文見識到一幅滑稽的奇景：「只見成千上萬頭牲畜，全都向著一個方向，豎著耳，脹大鼻孔，看起來就好像一大群浮在水面上的兩棲動物似的。」達爾文還從旁人聽說，這種牛一日可行軍一百六十公里。

牛群渡河景象。

獨裁將軍羅薩斯

　　黃昏時分，他們來到羅薩斯將軍的營地。這個地方看起來不像是大軍總部，反倒比較像是一幫土匪窩。

　　槍砲、武器和粗糙茅屋構成一塊圍地，約三百多平方公尺，而將軍麾下粗魯但身手敏捷的騎兵，就在這兒紮營。他們當中有許多都是印第安人、黑人和西班牙人的混血後裔，其他則是一些倒戈轉向阿根廷政府的印第安土著。除此之外，營中還有許多隨從跟班：一些打扮得花枝招展的印第安婦女，她們衣著俗麗，黑色髮辮垂在背上，騎馬時，膝蓋高高弓起；她們的工作是替士兵看管由動物駝載的行李，此外還要負責紮營、炊煮。狗兒和牛隻則在漫天塵土中閒蕩。

　　將軍本人和他的手下一樣愛馬，一樣好大喜功。他在隨從人員裡頭

安插了兩名小丑，以供他消遣解悶，而且他還以「在大笑時最危險」著名——因為他通常在那個時候下令把某人槍斃，或是把某人手腳綁在四根直立的木椿上，懸著受折磨。

在彭巴草原上流傳了一種測驗騎術的方法。受測者先蹲在畜欄出口上方的橫木上，接著，一匹既未掛籠頭、也未上鞍的野馬被放出畜欄，這時受測者便要跳到野馬背上，騎在上面直到牠靜下來為止。羅薩斯本人也有辦法完成這項壯舉。

然而，羅薩斯同時也是一個非常霸道的人；後來他果真變成阿根廷的獨裁者達許多年之久。他非常殷勤且慎重事地歡迎達爾文光臨軍營，而

羅薩斯將軍。他營中一位小丑說：「當將軍大笑時，不論瘋子或正常人，他都不會放過……」」

達爾文顯然對他很著迷。他寫道，羅薩斯將軍未來一定會運用他的影響力，來促使這個國家進步、繁榮。十年後，達爾文不得不承當年這項預言「實在錯得離譜。」羅薩斯後來變成一個大暴君。

羅薩斯的部隊對付印第安人的戰術相當簡單：他先設法把彭巴草原上的離群土著（居住在鹽湖附近，人數約一百左右的小群土著）驅趕到一塊，若有人脫逃，他會將所有脫逃者都集中在某處後，就發動大屠殺。所有印第安人都沒有太多機會南逃越過尼格羅河，羅薩斯解釋道，因為他已經和當地一支友好土著取得聯繫，要他們格殺任何一名逃亡者。羅薩斯還說，友好部落的土著們將會熱心執行這項任務，因為羅薩斯告訴他們，只要是他們管理的敵對印第安人中有一名脫逃，他就要槍殺一名該部落裡的人來抵命。

血腥復仇行動

在達爾文駐留期間，整個軍營一直是鬧哄哄的，謠言和小道消息四起，說是前哨戰已經開打。有一天，報告傳來，羅薩斯所設置通往布宜諾斯艾利斯的其中一個哨站遭到殲滅。於是一名姓米蘭達（Miranda）的指揮官奉命率領三百人馬，前去復仇。「他們在兒過夜，」達爾文描述（當時達爾文正在附近的布蘭加灣）：「實在想不出還有什麼東西能比他們野營時的畫面更放蕩、野蠻了。有些人已醉得不省人事；有些人把牛隻宰殺後，生飲牠們的鮮血做為晚餐，然後，由於酒醉得太過厲害，他們又再殺一次死牛，結果弄得一身血塊和汙髒。」

次日早晨，這群人動身前往謀殺現場，他們奉令要追蹤敵人軌跡到底，即使越界追到智利也在所不惜。他們是破解蹤跡的專家：審視過約一千匹馬留下的蹄印，就能猜測出到底有多少騎馬者，運載了多少物品；甚至還能從深淺不一的馬蹄印，判斷出對方有多疲累。「這些人有辦法追

到天涯海角，」達爾文
這麼說道。

　　不久後，達爾文聽
說這趟突襲非常成功。
有一隊印第安人被人瞧
見行經空曠草原，而米
蘭達手下的人馬在他們
疾馳當兒展開攻擊。印
第安人完全沒有時間整
隊一齊反攻，他們只好
朝各個不同方向四散逃
命，每個人都只能求取
自保。

　　有些走頭無路的印

拉布拉他河東岸的士兵。達爾文提到羅薩斯將軍的私人軍隊：「我不禁認
為，像這樣一支邪惡、土匪似的軍隊真是前所未聞。」」

第安人變得非常激烈——一名垂死的印第安人張口將刺殺者的大姆指狠狠
咬住，怎樣都不肯鬆口，即使眼珠被人刨出也不放。另一名受傷的人則裝
死，然後伺機躍起，刺殺走近的阿根廷士兵。還有一個人在求饒的時候，
被人看見正偷偷解開腰間的波拉斯，以便等追捕者走近時，給予狠命一
擊；結果這名印第安人的咽喉被割斷了。

　　末了，約一百一十名印第安男人、女人和小孩被圍趕在一塊。所有
不像能提供有用消息的男人，一律射殺。樣貌生得比較好看的女孩被挑選
到一邊，準備稍後分配給軍士們，至於老婦人和長相難看的女子統統殺
掉。孩子們則被拿去販賣，充作奴隸。

　　在僥倖存活的俘虜中，包括三名特別漂亮的年輕男孩，全都相貌英
俊、身高超過一‧八公尺。他們被排成一行，接受審訊。第一名男子拒絕

透露其他族人的下落後，立即被槍殺。第二名也是一樣，而且第三名印第安人也毫不猶疑，「開火吧，」他叫道：「我是個男人，我不怕死。」早已熟悉這類血腥場面的禿鷹，兀自在上空盤桓。

野蠻的基督徒士兵

達爾文簡直嚇壞了，但是他也沒有辦法插手，只能向日記吐露自己的想法：這些基督徒士兵比起他們所消滅的無助異教徒，實在野蠻得太多了。

然而，羅薩斯營中的每個人都深信他們的所作所為絕對正義、公平。印第安人憎恨阿根廷人伺占了他們的狩獵地，因此而屠殺牧場的牛羊，所以他們是罪犯，必須加以消滅。要是換作達爾文自己給印第安人逮著，那時他可就會明白他們有多溫和了。

達爾文反駁道，但是至少不必殺女人啊。他們解釋說：「不能不殺她們，她們繁殖得太快了。」總而言之，印第安人是寄生蟲，比老鼠還不如，事情就是這樣。

在這趟突襲所虜獲的女人當中，有兩名非常漂亮的西班牙少女，她們是在孩提時被印第安人虜走的（這場戰爭已經進行了好長一段歲月），然後由印第安人扶養長大。她們早已忘了自己的母語，行為舉止完全被印第安人同化了。如今，她們必須重新適應文明生活，而這種所謂文明生活，或許就是意味著成為羅薩斯手下那批粗魯的酒鬼騎兵的侍妾和奴隸。

而這，就是那位莊嚴、殷勤的羅薩斯將軍一手領導，對抗巴塔哥尼亞土著的殘酷戰爭。在達爾文看來，這場戰爭只可能有一個結果：倖存的印第安人撤退回更險峻的深山中，最後終於滅種；這是適者生存理論中很實際的一個例子。等到同樣命運臨到火地島土著身上，他們又有什麼樣的機會呢？

巴塔哥尼亞高原上的印第安人。

　　達爾文本人也曾經度過驚險的一天。那天，他和兩名高卓人從布蘭加灣港騎馬外出，突然問，發現遠處有二匹座騎。「他們騎馬的方式不像基督徒，」一名高卓人觀察。於是，大夥決定要騎往附近一處可供他們藏身的沼澤地。達爾文上好槍膛後，大夥就連忙動身，當陌生客遠在視線之外時，他們便策馬飛奔過崎嶇路面，然而當陌生客出現在視線內時，又連忙改用步行速度（好假裝他們並不害怕）。他們終於來到一座山腳下，停了馬，命令狗兒趴下，然後由一名高卓人俯身爬過草叢，前往偵測。只見他躡手躡腳地匍匐爬上小丘頂，凝神察看敵人好一會兒，然後不禁爆笑出來：「是女人！」原來那是三個女人，羅薩斯下屬的妻子，她們正在獵鴕鳥蛋。

　　小獵犬號於8月24日出現在布蘭加灣，於是達爾文便登船，花了一整天的時間講述他的冒險故事給費茲羅聽。費茲羅似乎是名很好的聽眾，而

達爾文則口若懸河，停不下來；他並沒花多大功夫就說服了費茲羅，准許他繼續第二次更長的步行冒險行程——估計將穿越四百英里杳無人煙的荒野，而且這回他將在沒有哈里斯陪伴的情況下，獨自與高卓人同行。

野地生活四十天

這段日子裡充滿了興奮刺激，由於多加了風險因素在內，使得自由自在的感覺更為高張。「在高卓人獨立的生活方式中，最有趣的是，不論任何時刻，你都能把馬兒一勒，說道：『我們就在這兒過夜。』」

在騎馬赴布宜諾斯艾利斯途中，連高卓人都很驚訝達爾文的精力如此充沛。如果遇到一座高山，他總是要親自去爬，而且他可能是第一個登上高約一千一百公尺的文塔納山脈（Sierra de la Ventana）的歐洲人。當他爬到山頂後，他發覺這座山脈中央被一個峽谷切分為二。他越過峽谷，再爬一次，非常艱困地登上第二座山峯：「每隔二十碼，我的上大腿就會抽筋一次，於是我恐怕再沒辦法下馬走路了。」然而，當同行一名高卓人的馬兒跛了腳之後，達爾文卻把座騎讓給他，自己用步行的。他稍後解釋：那是因為高卓人不耐步行。

達爾文經常在阿根廷的湖畔或沼澤地中碰到這種黑頸天鵝（*Cygnus nigricollis*）。

這段期間，他抽雪茄，喝馬黛茶（maté），而且三餐純吃肉，只破了一次例——那次碰巧發現一只鴕鳥巢，裡面共有二十七枚蛋，每只鴕鳥蛋的重量約為雞蛋的十一倍。還有一次，他整整二十個小時沒水喝。

坐在夜晚營火邊，達爾文會

取出彌爾頓的《失樂園》來小讀一番，這本書他總是隨身帶著的。同時他也會摘記下每日探險點滴，探險日記一點都不沉悶：「山裡的夜晚非常冷，先是被露水浸濕，然後被凍得發僵……看到美麗的黃鸝……為數可觀的狐狸。發現一隻小蟾蜍，顏色極為獨特（黑色與朱紅色），想要讓牠快活一下，把牠帶到一池水中；誰知這個小東西竟然不會游泳，而且我猜要是沒救牠，牠一定會淹死……而沼澤深處，有許多長著黑色斑塊的蛇，有兩條黃色帶紋和紅色尾巴……眾多黑頸天鵝和美麗的水鴨、鶴等，使得湖泊生氣蓬勃……昨晚下了一場大冰雹，已經發現二十頭鹿死去，另外還有十五隻鴕鳥……冰雹就像蘋果一般的大小……睡在半瘋狂的人的屋子裡……印第安人到鹽湖去取鹽——吃起鹽來，好像在吃糖果似的……從二十歲就被當成奴隸的女人，從未快樂過……操舟老翁的太太年紀不超過十一歲……鴕鳥在中午下蛋……鶴會搬運一束束的燈心草……」

於是，就這樣日復一日，而達爾文似乎從不厭倦，從未放鬆對新奇事物的好奇和敏感。最後，經過四十天的野地生活，他終於騎馬經過楸梓和桃樹果園，進入布宜諾斯艾利斯。滿臉于思，頭戴寬邊帽，一身破舊的衣服，以及被陽光灼曬過的臉，這時候的達爾文看起來一定很像個牛仔，或是剛剛熬過一段艱苦路程剛進城的淘金客。

他變得堅韌了，差不多和高卓人一樣堅韌。

07
布宜諾斯艾利斯

鬥牛場看布宜諾斯艾利斯市景。

1833年9月～1833年12月

布宜諾斯艾利斯很有獨特的魅力。

「我們最主要的樂趣是，」達爾文寫信給姊姊：「騎馬到處閒逛，欣賞西班牙姑娘。在看到這麼一個安琪兒款步擺過街心後，我們不禁叫出聲來：『英國女人多傻啊，她們既不懂得如何走路，也不懂得如何穿扮。』而且英文中的小姐（Miss）和西班牙文小姐（Signorita）比起來，也是多麼難聽啊……沒有人在看到她們充滿魅力的背影後，能不矢口叫道：『她長得不知有多美。』」

美麗安琪兒

布宜諾斯艾利斯的騎士、搢紳顯然也有同感。

有一天，一名陸軍上尉請教達爾文，說他心裡有個疑問：「這個問題是『布宜諾斯艾利斯的姑娘究竟是不是全世界最美的？』我回答道：『絕對是。』他又問：『我還有另一個問題：世界上還有沒有其他地方的女郎也戴這麼大的頭梳？』我很嚴肅的向他保證：絕對沒有。他們聽了非常開心。於是上尉大聲宣布：『注意聽，這個人跑過大半個地球，他說這是真的，我們一直這麼猜想，但現在我們知道確是這樣。』」

後來當達爾文抵達祕魯的利馬時，曾經又再度提起這個話題：「那

看到這群身著貼身長袍、頭戴黑色絲質面紗的西班牙仕女，達爾文不禁
寫信告訴家中姊姊：「我真替妳們惋惜。妳們如果上布宜諾斯艾利斯
來，全都會大有斬獲。」

身狹窄且富彈性的衣袍，能襯出她們的曲線，同時也使得女郎們只能小步
行走，姿勢顯得格外優雅，而且展現出潔白的絲質長襪以及一雙美足。她
們還蒙了一條黑絲面紗，繫在背後腰間，並從後面翻起蒙在頭上，然後用
手在面前握住，只露出一隻眼睛在外面。然而，那隻眼眸如此漆黑、明
亮，而且其中洋溢著十足的動感和表情，以致能造成非常驚人的效果。總
而言之，這些女郎是如此的千變萬化，使得我最初非常驚訝，覺得好像被
人帶到一群美人魚中間似的。我簡直沒辦法把目光從她們身上移開。」

　　但是，看起來達爾文的「斬獲」也只有這麼一丁點。到了布宜諾斯艾利斯之後，達爾文借住在一位很有名望的英國移民藍伯（Edward Lumb）家（當藍伯夫人為他斟茶時，曾令達爾文憶起英國老家），而且他也實在太忙了，沒時間結交女友。

　　城裡有許多英國商店，達爾文忙著大肆採購：信紙、筆、蜜蠟和葡萄乾、捕鼠器以及裝盛標本用的玻璃罐、手槍所需的火藥和子彈、一條準備送給柯文坦的褲子（他和達爾文已在布宜諾斯艾利斯會合了），此外，他還為自己買了襪子、手套、手帕、睡帽、雪茄以及鼻煙。其中一張花費清單如下：「紙……剪刀、牙醫、修理錶……馬刺……法籍牙醫……雪茄……牙醫……無尾動物……書商。」很顯然，他當時正飽受牙疼之苦，但是「無尾動物」究竟是什麼意思？後人實在無從得知。

　　除了上述物品外，他還緊急寫信回家，要求家人寄上「四雙荷威爾店（Howell's）所賣的非常堅韌的步行便鞋」、新的顯微鏡鏡片以及書本，尤其是科學書籍。

盤纏又將用盡

　　接下來，達爾文還得把標本打包好，寄回英國給韓士婁；計有鳥類和其他動物的毛皮標本兩百件，魚類、昆蟲、老鼠、石頭、「一具完好的化石骨骸」，以及許多異國種子，希望這些種子也能在英國發芽生長。

　　財務是一個煩人的問題；結果證明，他的內陸探險所費不貲，而且花費也早已超過預期。現在，他得草擬另一張八十英鎊的帳單，一想到父親可能出現的反應，他就心生畏懼。他提筆寫信給姊姊說，他相信，父親「在最初一陣咆哮後」，應該不會吝嗇這些錢；達爾文確信這趟旅程正在扭轉他的一生，而他是絕對不能就此打道回府的，不論花費多少代價，他一定得看完未來可能看到的一切。

　　「我希望，」達爾文在家書中這麼寫道：「這種阮囊羞澀的感覺，可不要像船長費茲羅所感受到的那般強烈才好。他為了在各方面提升這趟航程的品質，已經把自己的口袋吃出一個大洞了……他要求我是否能預先支付一年的膳宿費。我照辦了……因為我實在不能拒絕這樣一個處處待人大方的人物。」

　　還有另一個理由，令達爾文一想到父親，就有罪惡感：遲早他都得告訴父親，現在的他是絕不可能再進教堂擔任神職了。不過，在這個當兒，他還是暫且先避而不談此一話題；在他的家裡中，從來不提未來計畫——唯有現在才算數。

　　達爾文並不真的很喜歡布宜諾斯艾利斯。接下來的四個月，等候小獵犬號測量巴塔哥尼亞海岸線的期間，只要一有機會，他就溜出去探險。

布宜諾斯艾利斯城中的主廣場，其中有一座紀念碑，記載該市的獨立史，因而有「自由聖壇」（Altar of Liberty）之稱。

　　他認為城中廣場以及寬闊的街道都很不錯，他也很喜歡到處觀光，上劇院（男士們坐在大廳正中央，女士們則坐在周邊樓座中）、博物館、以及待宰動物的大畜欄，「是最值得看的奇景之一」：只見一人騎在馬背上，拋出打著活結的套索，套住畜牲頭角，把牠拖到選定地點，在那兒「屠牛士正小心翼翼地切割腿筋……整個場景相當駭人，令人反胃；地面幾乎堆滿了白骨，而且不論是馬兒或馬背上的人，全都浸得一身血汗。」

　　至於富麗堂皇的教堂，看在達爾文這位低教會派新教徒的眼中，或許稍嫌太熱心了點。教堂會眾不拘禮的程度也令人吃驚：「披著華麗圍巾的西班牙淑女和她的黑奴，就這樣肩併肩一塊兒跪在開闊的長廊中。」

　　然而，布宜諾斯艾利斯的近郊卻很荒涼無趣，而且雨水下個不停，也令人洩氣。

　　此外，他對布宜諾斯艾利斯的居民一般評價也不高（當時該城人口約六萬人）。他更是公開表示不欣賞富裕的歐洲人後裔：「他們是揮金如土的縱慾者，嘲笑所有宗教；他們造成最嚴重的腐敗，行事完全沒有原

公共屠宰場一景，「牲畜在這兒待宰，以供應這些專吃牛肉的居民食用。」

則。」所有官員，自最高法院院長以下，全都可以用錢收買。

　　達爾文並不是個拘禮的人，也不是多愁善感者；然而他雖不像費茲羅那般一絲不苟，卻也不是一個容易討好的人。他對行為要求頗為嚴格，而且就在此時，當世界如此奇妙地在他眼前展開，如此令人興奮的當兒，他對於其他人所表現出來的懶惰、冷漠，深感不耐煩，尤其是他們的殘忍，最令他惱怒。這趟航程已然占據了他整個身心。一切都是如此新鮮，如此重要至極。因此，當小獵犬號上的兩名低階組員開小差溜掉時（毫無疑問，他們是受夠了費茲羅的嚴格紀律），達爾文對他們的舉動，打從心底覺得迷惑。

　　顯然這時的達爾文還沒出現晚年所罹患的憂鬱症徵狀。他在某次前往聖塔菲的旅程中染過熱病，但是很快就康復了；而且他除了暈船外，從未抱怨過像牙疼這類小病痛，雖然，從他在布宜諾斯艾利斯看法藉牙醫這件事來判斷，他必定是已經忍受牙痛好一陣子了。他的鬍子相當大蓬，想必也一定使他看起來比二十四歲的實際年齡顯得更老；此外，他的西班牙文現在也大有進步，因此當他在城裡走動時，混身散發出一股老練旅者的氣息：那是達爾文先生，一名富有的年輕英國紳士。

　　對他來說，最最快樂的事莫過於收到家書或是韓士婁的來信，每一個字句，他都再三細看；不過，截至目前為止，他還沒有顯出任何思鄉病的朕兆。他要繼續不斷地進行他的旅程。

熱病纏身

　　然而，聖塔菲之旅幾乎毀了達爾文。

　　按照計畫，他原本要在10月底小獵犬號駛離蒙特維多之前，與同伴會合。因此他心裡掂算一番，覺得在那之前應該有足夠時間讓他騎馬將近五百公里路，前往巴拉那河，因為他聽說該地可以找到化石骸骨。

三種不同的阿根廷棕櫚樹，學名分別為：*Cocos yatai*、*Cocos australis*、*Copernica cerifera*。

巴拉那河岸邊的村莊。

9月27日，他從布宜諾斯艾利斯騎馬進入彭巴草原北部，那兒的薊草長得和人胸口一樣高。首先，一切情況都很順利，不過這趟旅程並非全無風險，因為他們走的正是一條印第安人很喜歡偷襲的路線。他們曾在途中某處看到一副印第安人的遺骸吊掛在樹枝上，達爾文的嚮導看了之後，「顯得安慰許多。」

在接近聖塔菲這座美麗鄉村小鎮不遠處，他輕而易舉地就找到自己所要的化石骸骨：一處豐富的遺址就埋藏在河岸邊。城鎮本身相當寧靜、清潔且井然有序。主管該城事務的官員最熱中的運動是：獵殺印第安人。不久之前，他才剛剛屠殺了四十八個印第安人，同時還把他們的小孩以每人三到四英鎊的價格賣掉。

很不幸，達爾文染上了熱病（有可能是瘧疾，因為他曾形容，每當他把手伸出來的時候，上頭總是黏著黑壓壓的蚊子），他不得不在床上躺

了一個星期,由一名好心的老婦人看護他。他還接受了諸多怪異的土方療法,有些沒什麼害處,例如把裂開的豆子做成敷墊,纏繞在頭上,其他一些土方則「太噁心了,不便說明。」另外,他還寫道:「無毛小狗兒遵照囑咐,睡在病人的腳邊。」

身體稍微好轉後,他決定從水路折回會比較快些,於是就棄馬登上一艘開往布宜諾斯艾利斯的老舊商船。這是所有旅程中,最令人氣惱的一趟。每刮起一陣風,島嶼邊每泛起一圈漩渦,那位阿根廷籍船長都要擔心害怕,因此他們竟然在岸邊下錨長達數天,然後才悄悄順流而下,每次航行不過幾小時。

最後(達爾文在筆記本裡喊道:Gracias a dios,意思是謝謝老天),他們終於在10月20日到達首都外的一個小村莊拉斯康查斯(Las Conchas),於是達爾文立刻上岸,尋找一匹馬,或是一只獨木舟。只要能載他進城,什麼工具都無所謂。這時,他突然發覺身邊圍繞著一群荷槍實彈的人,不准他前進。原來革命已經暴發了,首都業已封鎖。

羅薩斯叛變

看來,羅薩斯將軍感興趣的不只是獵殺印第安生番而已,他還打算推翻阿根廷政府。他在布宜諾斯艾利斯的朋黨已經喊出「羅薩斯萬歲」的口號,而四周鄰鎮也立刻暴動響應。城內街道已遭肅清,店家紛紛拉下簾子暫停營業,子彈四處飛竄,將軍手下不准任何人出入布宜諾斯艾利斯城門。

達爾文心焦如焚,深恐錯過小獵犬號,他又是爭辯又是抗議,還是不得其門而入。他騎馬在城外繞了好長一段路之後,好不容易總算找到羅薩斯兄弟的軍營。他連忙加油添醋地解釋道,他是將軍很重要的一位密友。「就算變魔術,」達爾文回憶道:「也不可能把情勢扭轉得這麼

快。」他們告訴他，如果他願意甘冒被射殺的危險，可以特准他步行進城，但是行李必須留在城外。

這是一段將近五公里遠的寂寞旅途，一路上空蕩蕩，不見人影。途中，他曾被一小隊士兵攔下，但在出示一份過期簽證後，他們放他繼續前行。一旦進得城來，找到自己的老朋友，他就安全無虞了。但是他的處境並沒改善多少；柯文坦還被留置在城外，而且他所有的衣物以及一路上苦心採集到的標本，也全在城外。在城內走動也很危險，因為政府軍士兵正樂得利用這個從天而降的大好機會，盤查或搶劫給他們撞見的市民。

連著兩週，達爾文既憤怒又焦躁，這種情況有點類似《環遊世界八十天》裡頭佛格與帕斯巴德的歷險。他們兩人，一主一僕，想盡辦法要會合，急著爭取時間，然而全世界顯然都在和他倆作對。對達爾文來說，要是小獵犬號駛離，把他留困在布宜諾斯艾利斯，後果真是不堪設想。

最後，他總算買通一個人，幫他把柯文坦帶進城來。這人並沒說他是怎麼做到的（很可能是趁著夜晚騎馬進城，而且徵得守衛配合，請他看向另一個方向等等），總之，柯文坦平安抵達，然後主僕二人設法登上一艘擬偷偷穿越封鎖線、順流駛往蒙特維多的船隻。船上塞滿了難民，行

抵達蒙特維多海灣。繪圖者為馬亭斯，他接替埃爾，擔任小獵犬號上的官派隨船畫家。

經拉布拉他河時，大家都病懨懨的。不過，當旅程終了，達爾文看見小獵犬號的桅桿靜靜矗立在蒙特維多灣中，想必心底一定大大的鬆了一口氣。

度假的孩子歸來了

這段時間，費茲羅一直忙著進行他的測量工作，獨個兒在艙中用餐，心裡想的全是工作，而且從未放鬆指揮兩條船的責任。大部分測量工作都必須要靠小艇駛近海岸來完成，而且通常是在波濤洶湧的惡海上；對於指揮官而言，這是一樁很艱難的任務，也是一場無休無止的焦慮。就在此時，費茲羅正忙著繪圖工作，根據過去幾個月以來，他們沿著巴塔哥尼亞海岸測得的眾多數據，進行比對。這項工作很繁瑣，但也很實際。

然而，剛剛結束岸上探險的達爾文，這時想必是冒冒失失地闖進他的艙房，帶著一股小學生度假歸來的興奮之情。看哪，甲板上鋪滿了他的奇妙標本：史前化石骸骨、許多華麗鳥兒與其他動物的毛皮標本、一隻蜘蛛（牠織了一面好像船帆似的網，在空中飄揚）、波拉斯以及其他土產武器、大蛇浸泡在酒精瓶裡、還有好幾包歐洲從沒出現過的奇花異草和種子。

接著，達爾文還有好些英勇事蹟要講：革命暴發、他的巴拉那河之旅、以及他在島嶼上狩獵老虎（或者是美洲豹）——他曾經在樹幹上看到很深的抓痕，於是嚮導告訴他，那是美洲豹的爪印。「據我推想，」他寫道：「美洲豹這種習慣完全和家貓日常慣做的一個舉動相仿，牠們經常拉直了腰，伸出爪子來磨擦椅子腳。」他告訴費茲羅說，由於害怕撞見老虎，使得他行經樹林時的樂趣蕩然無存。

他還形容自己怎樣和高卓人一塊騎馬奔馳，怎樣親眼目睹可憐的奴隸小孩被賣給彭巴草原上荒淫無度的官員，另外還有籠著頭紗的首都仕女，以及他曾經登上、而且是獨個兒登上的未知山脈。

美洲雲豹，喬氏貓（*Felis geoffroyi*）。

南美豹貓，細腰貓（*Felis yagouaroundi*）。

布宜諾斯艾利斯的披索錢幣。

如果費茲羅聽了這堆敘述後，心底仍沒有絲毫嫉妒之情，那麼他一定有點兒缺乏人性。無疑的，他當然也會聽得津津有味，但是，旁人或許會發現他那雙帶有貴族氣息的雙眸望向達爾文時，稍嫌冷峻了點兒。

其實，就算發生下述狀況，也不該責怪費茲羅：如果當時他覺得實在聽夠了，如果他只草率地答幾句話就轉過身去，並且還叫達爾文把那些寶貝垃圾拿出艙房收藏好，如果他又陷入他那著名的「嚴峻沉默」之中，又或者，如果他果然開始詢問達爾文，這些令人興奮的調查結果究竟把達爾文帶往何處——關於把這些事與《聖經》真理牽上關聯這檔工作，他的進度究竟如何。這件工作無疑是很重要的，而且它是一件必須點點滴滴、費心計算的工作，就和小獵犬號繪製海岸線地圖一樣精細；世人有時會犯下見樹不見林的錯誤。

但是，如果達爾文的筆記可靠的話，我們可以看出，他在這段期間壓根兒就沒有想到過上帝；他全神貫注在這些「樹」以及「林」中所有事物身上，而且他的心裡也開始生出一個想法：真理並不是由上往下形成的，而且應該經由人們自己在地球上一點一滴實地研究而呈現出來的。因此，當興奮的達爾文再度置身於小獵犬號紀律嚴明的環境中時，想必會有一點兒洩氣。如今，度假的孩子又再度返回學校了。

揮別大西洋

1833年底，在達爾文於蒙特維多上船歸隊時，小獵犬號在巴塔哥尼亞的測量工作也已差不多大功告成了。

小獵犬號船員那時已在這片不毛海岸的酷寒及風暴中，待了一年多之久，而他們對它也真是厭倦到了極點。畫家埃爾自從離開英格蘭後，身體就一直不很健朗，如今終於病倒了，因此不得不離開小獵犬號。接他工作的人名叫馬亭斯（Conrad Martens），是「一位非常優秀的風景畫家……一個很討喜的人物，而且就和他們那類型的人一樣，熱心得不得了。」

馬亭斯的自畫像。費茲羅表示，他心中對於埃爾離職養病的重大失落感，在「於蒙特維多碰到馬亭斯之後，立刻平息無蹤，於是趕緊聘請他上船，擔任我的繪圖員。」[N]

至於達爾文這邊，很快就將他在彭巴草原的最後一批採集品打包完畢，送上開往英國的船隻，這時他心裡唯一記掛的是：他們就要繞過合恩角，駛向平靜且風和日麗的太平洋了。照他的說法，現在就算是有機會活捉一頭大地懶，也留不住他了。

此刻，他對於南美洲東海岸地形已有很肯定的看法；他深信，這塊地區是在近代才浮出海面的。然而，半島地質的真正線索，卻是掌握在擁有巨大火山口的安地斯山裡頭。他們就要航向太平洋，去探訪那雄偉延綿的安地斯山。這將會是整個航程中的最高潮。

在小獵犬號以及她的姊妹船冒險號上頭，眾人正忙成一團。他們在蒙特維多港補給了一年份的糧食用品。12月7日，他們最後一次揮別（而且是完全擺脫了）拉布拉他河，昂首南行，穿過混濁的河口，駛進湛藍大海。

O8
安地斯山

1833年12月～1835年1月

就在他們即將離開大西洋之前，大西洋也奉上了數個奇幻美妙的場景，做為臨別贈禮。

在一個風平浪靜、晴朗乾爽的日子裡，突然有一群蝴蝶飛越過他們身邊，在海上散布成一大片，看起來簡直就像一場暴風雪；放眼之處，即便是用望遠鏡來看，滿天都是白白柔柔不停鼓動的蝶翼，這奇景一直持續到傍晚時分，一陣強風刮來，才將牠們吹走。

後來，又有一天晚上，他們發覺自己好像正航行在黃金海中：「船

1833年聖誕節，小獵犬號船員在狄塞耳港口野營。繪圖者為馬亭斯。

首揚起的兩道巨浪彷彿是由液態磷構成的，船身後邊，則泛起一條長長的乳色尾波。一眼看去，所有波浪的浪脊莫不閃閃發光……」

1833年聖誕節，他們來到狄塞耳河（Desire River）河口，度過五年航程中最棒的一次聖誕節。

達爾文在佳節前夕射到一隻重達七十七公斤的駱馬，因此人人都有鮮肉可吃。當天下午，兩條船上所有組員全都上岸比賽角力，他們又蹦又跳：「留著鬍子的老男人和沒留鬍子的年輕人，全都玩得好像一群大小孩似的。」費茲羅的心情也很好，提供獎品給大家。這次聖誕晚會和往年完全不同，達爾文寫道，每個人都盡情暢飲，醉到不能再醉為止。

荒原尋水記

達爾文的身體愈來愈強壯，甚至超過他的船伴們，因為他們不像他有那麼多機會爬山或是上岸步行。「最享受的一件事，」他寫道：「莫過於以一片鵝卵石海灘為床……我很驚訝地發覺，自己竟耐得了這種生活；要不是為了自然史所散發日益增加的趣味，我絕對做不到的。」但是他已經變得相當堅韌了。他們在聖胡良下錨時的一樁小插曲可以證明。

聖胡良是巴塔哥尼亞海岸線上特別貧瘠的一塊地方，沒有樹，沒有鳥，也沒有野獸，只見到一隻放哨的駱馬。「一片死寂和荒涼，教人禁不住沉思，究竟這平原以這幅面貌存在了多久，未來又還要持續多久？」

達爾文和費茲羅以及一小隊人馬，依憑著一張老舊西班牙地圖登岸尋找水源。天氣熱得幾乎令人窒息，他們背著沉重的工具和槍枝穿越平原。在持續行軍好幾小時後，除了達爾文之外，所有人都筋疲力竭，無法再走下去。然而，他們就著小丘頂往下看，還是可以看到有幾個湖泊位在約三公里外的地方，於是達爾文便獨自前往探查。

大夥在丘頂看得非常心焦：只見達爾文來到第一個湖泊前，稍稍停

留了一下,立刻又站起身朝第二個湖泊走去,然後同樣的狀況又發生一次。達爾文慢慢折回小丘,帶來一則壞消息:都是鹹水湖。

這會兒,他們的處境不太妙了。此時,費茲羅和另一名水手依然累得無法動彈,而且身體狀況似乎愈來愈糟。達爾文實在不願意把他倆留在該地,聽任不祥的禿鷹在他們頭頂盤桓,但是除了先行返回母船求救之外,也沒有其他法子可使。

因此,達爾文和其他人再度起身強行軍。等他們終於回到小獵犬號時,天色早已黯淡下來,而達爾文更是在滴水不沾的情況下,連續走了十一個小時。

黎明前,搜救小組總算把費茲羅和該名水手一塊平安帶回。

小獵犬號受傷了

接下來,他們航行了好長一段距離,來到福克蘭群島,再來就是我們前面提過的,重返火地島,最後一次探望巴頓。

他們航經小獵犬海峽,達爾文在筆記本裡寫道:「海峽寬約一英里半,兩旁都是兩千英尺以上的高山⋯⋯景致非常僻靜。有許多冰河,杳無人煙,寶藍色,襯著白雪,美得無與倫比。冰河:峭壁約比海面高四十英尺,由於透明和反光的緣故,呈現藍色。海峽中有許多小浮冰,彷彿小型的北極海。」

他們在3月抵達福克蘭群島,達爾文立即開始比較該島與美洲大陸上,昆蟲和植物的差異。沒有任何細節能逃過他的法眼。「看見一隻鷗鷲捉到一條魚後,故意放牠走,然後再捉回來,反覆八次都很成功,就跟貓對老鼠或是海獺對魚的手段一樣,表現出一種非常自然的野性。

島上住著一種生性很好奇的動物福克蘭狐(Falkland fox),為數眾多,膽子大到敢主動騷擾上岸的人。達爾文還遇到一隻公驢企鵝(jackass

福克蘭群島的柏克萊海灣（Berkeley Sound），「地形起伏，帶著一股孤絕、潦倒的氣息，……」

福克蘭狐（*Canis antarcticus*），其實是一種狼，現在已經絕種。

小獵犬號躺在聖塔克魯茲河口岸上。「檢查結果發現，位在龍骨前端下方的龍骨護板，撞壞了一小片，使得好幾張銅片受到嚴重摩擦。」[N]

penguin），牠會發出像驢子般的叫聲。他做了一段筆記，記載企鵝把牠們的翅膀當成鰭來使用，有些鵝類則把翅膀當成槳，而鴕鳥則把翅膀當成船帆來用。

在他們進入太平洋之前，還有最後一次延遲意外：小獵犬號行經狹塞耳港時，底部不慎撞上一塊岩石，龍骨護板有些部分散開了。於是，他們只好折返聖塔克魯茲河口，以便把她拖到海灘上去修理。船上除了主桅桿外，所有東西像是槍砲、錨以及其他重型齒輪裝置等，都得暫時先拆卸到岸上，然後再趁著漲潮時分把她拖上沙灘。

既然大夥的生命都操在小獵犬號手中，而且她也是大夥返鄉的唯一指望，這會兒看見她龍困淺灘，橫躺在沙灘上的無助模樣，大夥心裡難免

有些七上八下。好在木匠細細檢查過後，發覺受損情形並不嚴重，而且馬上就開始動手修理。

走訪聖塔克魯茲河

在小獵犬號修繕期間，費茲羅提出一個消磨時間的計畫，達爾文在一旁大表贊成。除了通往內陸的一小段距離外，聖塔克魯茲河還不曾有人造訪過。因此，他們決定派一組人馬溯河而上，能走多遠算多遠，如果可以的話，順便瞄一眼安地斯山；說不定還可以親自去攀登這座大山。他們將三週糧食裝上三艘小艇後，便出發了，總計二十五人，由費茲羅指揮。

起初，他們的航行非常輕鬆。順著漲潮前行，頭頂上有一群海鳥盤旋，岸邊的海獅一看見他們，則紛紛滑入水中。打從河口開始，兩邊河岸都是一大片不折不扣的荒原，「讓人心中留下完全荒涼絕望的印象。」

雨水稀少，而且幾乎也沒有任何其他可以喝的水；駱馬會跑到鹹水湖去喝鹽水，而美洲獅則可能是以駱馬的血來解渴。河水的水溫比河面上的空氣溫暖得多，到了黎明時分，他們發覺河水在冒煙，好像沸騰似的。時不時，他們便會遇到正在游泳渡河的鴕鳥。

聖塔克魯茲河以及遠處的安地斯山景色。「這塊土地受到咒詛成為不毛之地，而流水穿越鵝卵石床，也是由於同一咒詛。」

　　然後，風減弱了，潮水也退了。他們只好把繩索套上管環，牽到河岸上，包括費茲羅在內，每個人都得輪流當班拖拉小艇往上游走。這是一段漫漫長路。夜晚時分，氣溫降得非常低，而且他們還得派人放哨守衛，以防遭到印第安人的突襲，同時又因為費茲羅認為糧食應該省著用，他們總是處在半饑餓狀態。不過，能闖進一處文明人足跡從未到過的地方，還真是令人精神一振——至少達爾文是這麼認為。

　　達爾文通常和白諾走在最前頭，負責探路，順便胡亂射擊一些碰巧撞上的獵物。只見岸上大片分布著光禿禿的黑色熔岩，但是這兒卻有駱馬成群（有一天，達爾文曾目睹一群上千隻的駱馬群），又一次地展現適者才能生存。毫無疑問，駱馬是基於安全理由，群集起來過夜，牠們習慣把尾巴朝向中央，而且每晚變換過夜地點。達爾文還觀察到，有幾個地點似乎特別受牠們偏愛，被當成理想的安葬之所，其中有一處靠近河岸的地方，幾乎是遍地白骨。

　　如果有隻動物不幸破了腳或是害了病，因而落在獸群之後，那麼貓般靈巧的美洲獅就會伺機撲上。接下來，原本蹲踞在安地斯山腳懸崖頂上

狩獵駱馬。「牠們有許多習性類似羊群。因此，當牠們看見人們騎著馬由四面八方迫近時，就會驚慌失措得不知該往哪個方向逃才好。」

的禿鷹，便會御風升上青天，牠們是一群了不得的飛行好手，翅膀難得拍動一下。「除了從地面起飛之時，我不記得曾經看過這種鳥鼓翅。」一俟美洲獅用完大餐，牠們便會從天而降，把屍體支解成碎片。這些猛禽還會攻擊小羊，因此牧羊犬也被訓練成知道要抬頭張望，而且只要一看到禿鷹飛過，便狂吠不已，全力驅趕。

達爾文曾經射下一頭禿鷹，翅膀寬達二‧四公尺。其實有兩種方法可以逮到禿鷹：有時人們會故意把動物屍體放在一處狹窄的通道中，既然這種鳥在起飛前，必須先在地面助跑，因此只要把通道封住，牠們就飛不走了。另外也可以趁牠們在樹上睡覺的時候，活捉牠們；捕鷹人只需爬上樹，把活結套上牠的脖子就成了。這件事做起來並不像聽起來那麼困難，因為禿鷹一向睡得很死。這種鳥通常一隻可以賣得十先令。

經過十天辛苦的溯溪之旅後，雪白耀眼的安地斯山終於出現在眼前。但是，他們似乎永遠沒辦法走近它。達爾文萬分渴望到達它身邊，甚至和費茲羅一道走在最前頭，企圖靠著雙腳，用強行軍的方式走到山腳下。然而一點用也沒有。等他們離開海邊二百二十五公里遠時，糧食已經

（左圖）受到禿鷹攻擊的牛隻。（右圖）兩種狩獵禿鷹的方法：用腐食引誘牠們進入一處封閉區域，或是乘牠們熟睡時，用活繩結套住牠們的脖子。

消耗得很厲害了，而群山的距離似乎還是沒變；事實上，他們只差五十公里路遠，但是對他們來說，仍舊太遠了些。

在費茲羅這邊，並不覺得太失望：「看哪，這就是上帝的傑作，亙古以來從未改變。」但是達爾文卻覺得十分氣惱：這群高山為何會出現在這裡？它們存在了多久？它們是由哪種岩石組成的？然而，他們也沒有辦法，只好帶著滿腹疑問返回船上。

接下來四天，三隻小艇乘著每小時十六公里的水流速度，順流而下，與小獵犬號會合。行到河口，他們發現，小獵犬號「正浮在水上，剛剛重新上過漆，就像戰艦般繽紛亮麗。」

穿越火地冰峽

如今，他們總算要動身前往太平洋了，而且這本來是個大好時機，可讓費茲羅放鬆一會。不過，他們卻必須先要小心應付冬日裡火地島的冰峽，而且氣候也非常惡劣。峭壁上經常落下巨大冰塊，而冰塊撞裂所激起的回聲，更是彷彿軍艦舷砲齊放般，隆隆響徹荒寂的海峽。「這樣的海岸景致，」達爾文寫道：「足夠讓一個陸地人連續一週夢到船難、險境以及死亡等。」船上的索具都已結冰，而且甲板上也滿是冰雪。

他們花了足足一個月才穿越冰峽，然而，甚至連太平洋也沒給他們好臉色看——在他們航經智利海岸期間，暴風雨一直緊隨在後。

事務官勞雷特，也是船上最年長的人（約三十五、六歲），之前已經病了好長一段時間，如今這段艱苦卓絕的路程，實在已超過他的病體所能負荷的了，他終於不支而過世。當時距離書記官海萊爾在福克蘭群島溺死不過數個月，對於這個意氣相投的小團體而言，又得送走一名夥伴，委實令人難過。大夥脫帽站在甲板上，聆聽費茲羅唸祈禱文，然後便將裹著英國國旗的屍體沉入冰冷大海。

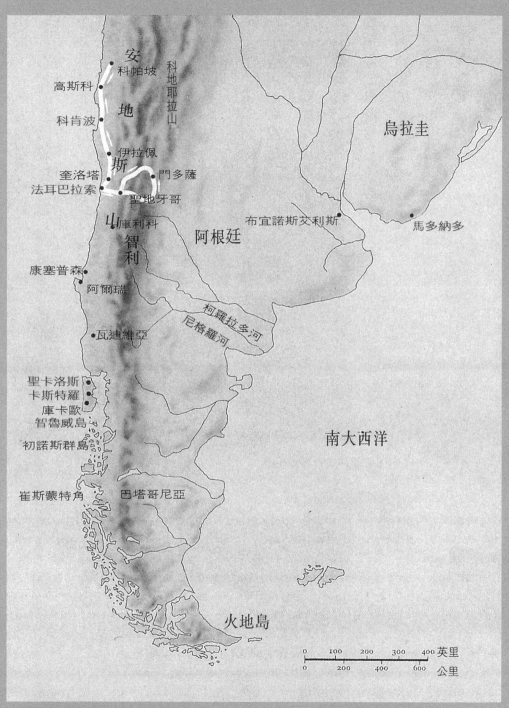

安地斯
科帕坡
科地耶拉山
高斯科
科肯波
伊拉佩
奎洛塔
門多薩
法耳巴拉索
聖地牙哥
庫利科
布宜諾斯艾利斯
阿根廷
康塞普森
阿爾瑞
柯羅拉多河
尼格羅河
瓦迪維亞
聖卡洛斯
卡斯特羅
庫卡歐
智魯威島
初諾斯群島
南大西洋
崔斯蒙特角
巴塔哥尼亞
智利
山
地
安
烏拉圭
馬多納多
火地島

| 0 | 100 | 200 | 300 | 400 英里 |
| 0 | 200 | 400 | 600 | 公里 |

南美洲西海岸地圖。

法耳巴拉索港口。

　　當小獵犬號終於在1834年7月22日航抵法耳巴拉索（Valparaiso，意思是極樂谷）時，已是一艘陰鬱且飽受風雨摧殘的小船兒。不過，這裡的海面相當平靜，太陽也總算露臉了，再加上連續八個月吃著單調的食物，穿著半濕不乾的衣服，站在起伏不定的甲板上，這樣與世隔絕了八個月，如今乍然重見文明小鎮，尤其又是這般美麗的小城，他們不禁大喜過望。白色平頂小屋零零落落地散布在山邊、樹林或是大片田野中；小屋身後，安地斯山高高聳起，構成一幕雄偉的背景。岸上散發出一陣陣美好的鄉間氣息，而家家戶戶煙囪所冒出的炊煙更是一大保證：很快就可以再度看到女人，再度嚐到新鮮食物了。

　　家書也已經守候他們多時，萊伊爾的《地質學原理》第三卷已寄到，甚至達爾文所要的步行便鞋，也安放在英國寄來的包裹中。達爾文一分鐘都不浪費，立即跳下陰濕的小獵犬號，和一位老同學考菲爾德

由法耳巴拉索海灣上方的山丘遠眺安地斯山，可以看見右手邊的阿空加瓜（Aconcagua）火山峯。

（Richard Corfield）住在一塊，考菲爾德當時正住在這個小鎮中。接著，達爾文便騎上騾背，出發探訪謎樣的安地斯山。他總共去了六個星期。

安地斯山祕境之旅

達爾文的安地斯山脈科地耶拉山（Cordillera）之旅（他曾去過多次），有些事情非常特別且新鮮。當然，爬山一向是他熱愛的活動，然而安地斯山卻將他的興致激發到頂點，各種想法堆積在他心頭，新發現一個接著一個，而他也有膽量接受任何挑戰。

他高高佇立在法耳巴拉索頂端的峭壁上，身邊除了紅色岩石外，空無一物；頭頂上有禿鷹盤繞，四周空氣清朗異常，整個智利彷彿一張地圖般，攤平在崖底。他可以遠眺到四十公里外灣中停泊船隻的桅桿。在他身後，「群山混沌一片」地向四周伸展開，景色非常雄偉，「就好比聆聽交

在雄偉的安地斯山脈中行進。

響樂團伴奏彌賽亞大合唱般。我很慶幸此刻能獨處。」

迎著太平洋面刮來的強風，達爾文泰然自若地騎在騾背上，即使行經最令人發暈的險道，或是晃動最厲害的吊橋，他都不覺得膽顫心驚。由於他們實在爬得太高了，即使沸水也煮不熟馬鈴薯，而且到了夜晚，他還得和兩名嚮導抱

竄鳥（*Pteroptochos albicollis*）又名藏好尾巴鳥，「說真的，這種不知羞恥的小東西確實鳥如其名，因為牠們老是把尾巴翻得老高。」

成一團，以便相互取暖。不過，他倒是沒有患上常見的高山病。

值得看的事物實在太多了，譬如高山鳥類，尤其是體形小巧的竄鳥（tapaculo），牠們老是豎著尾巴跳來跳去，所以又名藏好尾巴鳥；還有蕉鵑（turaco），形狀怪模怪樣，兩隻腳長得像高蹺，在樹叢間以異乎尋常的快動作移動著；美洲獅被狗群追跳上樹，中了陷阱而死，但卻一聲也不喊；體型龐大的鼠類數目眾多，性情溫馴，「主要住在灌木矮籬中，盤捲著尾巴。」

達爾文還曾經看到一團他以為是濃煙的東西，後來發現是一群蝗蟲，正以十六公里左右的時速朝北方飛去。這蝗蟲群厚達六百公尺，牠們衝過來的響聲好比大風吹過船桅。達爾文也加入當地居民陣營，一邊大喊大叫，一邊揮舞樹枝，奮力驅趕蝗蟲，儘管只是徒勞。

海底貝殼上高山

但是，最吸引達爾文的還是安地斯山的地質，而且他還找到兩項最有趣的新發現：在海拔三千六百多公尺處，發現一大片化石貝殼層；此

在安地斯山脈上發現的鳳梨科植物（*Bromelia bicolor*）。

阿根廷負鼠（*Didelphis crassicaudata*）

外，在稍低一點的地方，還有一小塊雪白的化石松樹林，松林四周則堆積
著海岩。

　　現在，「奇妙的故事」終於要展開了。這些樹木曾經一度站在大西
洋海邊，如今大西洋卻遠在一千一百公里之外；它們也曾經沉沒到海面
下，之後又上升了兩千一百公尺高。很顯然，南美洲半島上這整塊區域都
曾經淹沒在海裡，而且是在相當晚近的地質年代中，方才再度浮起。隨著
安地斯山被擠壓升高，這兒起先是一系列綠油油的青鬱島嶼，而後慢慢形
成一連串高山，而且酷寒的氣候使島上原有植物滅絕。整個過程裡還伴隨
著地震以及火山爆發，在地質活動中，它們扮演了安全閥的角色。

　　當然不是每個人都信任達爾文。有些智利人非常渴望知道，達爾文
到底以為自己在做什麼，整天拿個小鎚子在山裡亂逛。「情況不對勁，」
一名多疑的西班牙老律師說：「裡頭一定有名堂。世上沒有任何國家會富

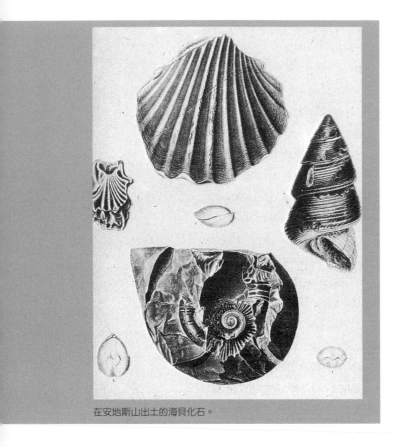

在安地斯山出土的海貝化石。

裕到派人出來撿拾這種垃圾。我不喜歡這件事。」

達爾文以反問方式來回答，他問對方難道不想明白地震和火山的成因，以及為何有些春季炎熱，有些春季卻很寒冷？這些問題的確可以使大部分人滿意，不再詢問；然而，總是還有一些人「和少數英國人一樣，落後時代一百年，認為這類問題既無用又不敬；反正上帝是這樣造山的，那就夠了。」

那麼費茲羅呢？滿腦子《聖經》想法的他，對這一切又有何話說？達爾文對於自己的發現洋洋得意，很興奮地返回法耳巴拉索。

英倫來的晴天霹靂

達爾文回去後發覺，就在他離開這段期間，小獵犬號上頭出了很嚴重的狀況，使得費茲羅完全沒法講理地討論這件事或是任何其他事。事實上，費茲羅幾乎已陷入半瘋狂狀態。

事情經過如下：倫敦海軍總部捎來一封信，直截了當表明不願承擔另外一條船的額外花費；既然費茲羅未經同意就擅作主張，那麼他得自掏腰包付清一切費用，而且必須解雇增聘的額外船員，並立刻賣掉冒險號。

對於任何正常的指揮官而言，這封回函都算得上是極嚴厲的譴責；對於費茲羅來說，這對他的自尊更是一項極端無禮、而且不可避免的打擊。

如果在這之前，他日子過得很舒服，或許也還能忍受，但是前六個月所歷經的危險緊張以及操勞過度，全都明白刻在他那削瘦、憂愁的面容上。他不禁陷入陰暗的思緒中，想起有關這趟航程的諸多不順：他的火地島福音計畫，事務官勞雷特之死，以及測量工作裡永無止盡的困難。搞不好他和達爾文之間的爭論也曾令他沮喪，現在，這最後一擊實在超過他的負荷了。原本過度僵化的自我控制驟然崩潰，仇恨與憤怒取而代之，而他也聽任自己的心靈直直墜落到完全絕望的境地。

無疑的，他一定也想到了斯多克司（Pringle Stokes）船長，小獵犬號前任船長，他於1828年自殺身亡，自殺地點很可能就位在現在費茲羅消磨時間最多的船長艙房中。他宣稱，自己快要發瘋了，一切都完了；他的家族裡流傳著瘋狂的血液，他的舅舅凱塞瑞子爵就是死於自殺，現在他即將步上後塵。他必須辭職，魏克漢必須接掌船長職務，把船直接駛回英國。

醫官白諾想盡辦法使他平靜，向他保證一切都是起因於太過操勞的緣故，現在只要短短休息一陣子就會沒事的。然而這些努力終歸無效。費茲羅非常固執，認為自己再也不適合擔任指揮官了。

力挽狂瀾

這便是達爾文返回法耳巴拉索時的現況，他覺得好似大難臨頭。他確實也曾經讓自己稍稍在返鄉的念頭裡陶醉了片刻，幻想「長久企盼的歸鄉中所蘊含的無窮樂趣。」但是，就在他們剛剛從那彷彿受了咒詛的火地島逃開，進入太平洋之際，旅程就在這裡被截斷──不，絕對不可以。

「整個晚上我盡量幻想再度看到舒茲伯利時的愉悅，但是一到天明，祕魯的荒原就又占了上風。」他決定要離開小獵犬號，繼續完成他在

安地斯山的調查工作；等到一、二年後，再自行設法返回英國。

　　最後力挽狂瀾的人是魏克漢。他很準確地料中，費茲羅真正擔心的是，如果只剩一條船，恐怕沒有辦法完成火地島的測量工作。

　　於是，魏克漢便對費茲羅指出這一點：海軍部的命令當中並未強迫他折返回那片危險的海岸；命令只不過要他在繼續太平洋航行之前，盡量多留點時間給那片海岸而已。魏克漢接著又說道，如果換由他來領導，他也不打算折回火地島；他會按照原訂計畫，航經令人愉快多多的太平洋、印度洋，然後繞過非洲南端的好望角，返回英國。因此，費茲羅大有理由繼續擔任指揮；現在他需要的是上岸去休息一陣子，等到他再返回海上時，自然會輕鬆許多。

　　費茲羅漸漸平靜下來。無疑的，暴發出來後，他覺得舒服多了。最後，他同意繼續擔任指揮工作，同時放棄未完成的火地島測量工作。巧合

智利鄉村人民的服飾。

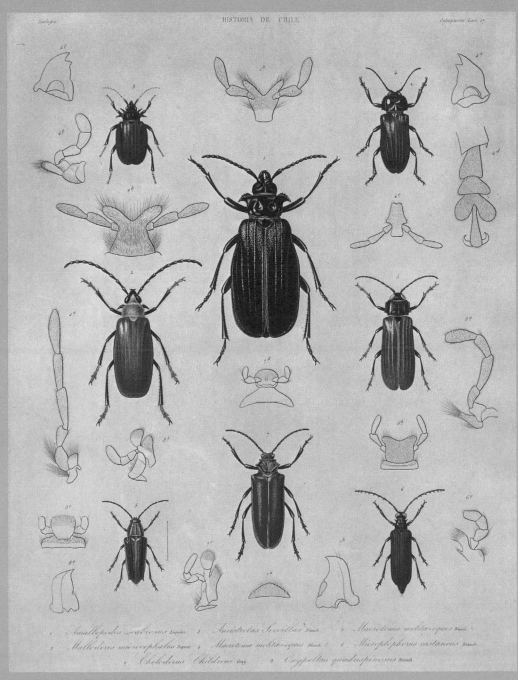

於智利採集到的鞘翅目昆蟲標本。

的是，費茲羅這項決定實在下得妙，因為船員們已經受夠了火地島，有些人原本正在計畫著：如果小獵犬號還要返回該地，他們就要開小差了。

結果，冒險號賣得一個頗驚人的好價錢：一千四百鎊，而小獵犬號也準備好再度回到大海上。很不幸的，費茲羅覺得失掉冒險號對他是一大打擊，「我承認，」他說道：「我個人的身心狀況從此改變了許多，原先的彈性與健全大受損傷。」或許這就是釀成以下場景的原因。

荒謬的爭執

話說達爾文自從安地斯山下來後，就病得很厲害；他認為可能是因為喝下低劣紅酒所造成的，但是病情顯然比上述理由嚴重得多了，很可能是被有毒的班丘加蟲（Benchuga bug）咬到所致。雖然他在考菲爾德家受到良好看護，而且還有白諾在旁照料（他開的處方為甘汞），達爾文還是在床上躺了整整一個月。

為了達爾文的病，費茲羅特地把小獵犬號的啟程日期延後十天，然後卻又很矛盾地和他大吵了一架。

整件意外相當荒謬。費茲羅宣稱，既然他和所有船員在法耳巴拉索都受到這般殷勤的款待，他覺得必須要「為所有當地居民舉辦一場盛大宴會。」達爾文神情漠然，他心裡認為這沒什麼必要。費茲羅勃然大怒，他認為，沒錯，達爾文就是這種人，什麼好處都領，但卻不知回報。達爾文一言不發，站起身就離開了小獵犬號。

幾天後，當達爾文再度返回船上時，已經日漸復原的費茲羅，表現出一副彷彿什麼都沒發生過的神情。然而，魏克漢可是受夠了，他把達爾文拉到一邊，叫他不要再和船長找麻煩。「你這該死的哲學家，拜託你不要再去和船長爭吵了；你離船那天我累得半死，而他卻把我留在甲板上，聽他數落你直到半夜。」

　　令人不禁好奇的是，情況為何會演變到這步田地？是否因為溫馴的達爾文隨著航程進展，變得愈來愈積極主動？還是因為他的英雄崇拜消逝無蹤？顯然他已不準備接受費茲羅那一套有關《聖經》〈創世紀〉真理的平板說辭。

　　在法耳巴拉索，他碰到一群受過教育而且頗聰慧的人，他們很能敞開心胸來討論各式各樣的科學問題，這樣的經歷還是出航以來的第一次，令他感到非常安慰。如果費茲羅願意，他儘可以認為安地斯山從未打海底升起，它們原本就在那裡，只不過是大洪水曾經把它們淹沒過而已。然而這些都是胡說八道，達爾文有絕對的證據可以推翻這項說法。《聖經》上還有一些其他的記載，也同樣啟人疑竇。雖然他現在很明智地把這些想法藏在心底，但是當他們再度航向南方進行智利海岸測量工作時，達爾文心裡卻滿是這種想法。

　　11月21日，他們航抵智魯威島（Chiloe Island）首都聖卡洛斯灣（Bay of San Carlos）。達爾文按照慣例，立刻雇了馬匹，下鄉調查。

智魯威島聖卡洛斯灣的廣場。

　　他騎馬經過青蔥樹林，越過圓木小路，被驟雨淋得全身濕透，最後終於抵達智魯威島古代首都卡斯特羅（Castro），「一個最最孤絕、荒涼的地方……街道和廣場上長滿了一層綠油油的草皮，羊兒在其間悠哉吃草……整座城裡找不到一座鐘或一只錶；一名老人憑猜測來敲教堂的鐘。」這兒居民血統複雜，四分之三為印第安人，雖然他們擁有豐盛的食物，但卻極端缺乏生活中的小小奢侈品；他們尤其渴望菸草，經常急切得以一隻家禽或鴨子來交換一小捲菸捲。

　　達爾文在聖彼得（San Pedro）與小獵犬號會合，並且還和費茲羅結伴攀登該島的最高峯。不料，樹林根本無法穿透。因為一路上，鋒利的樹枝刮得他們滿臉滿手都是傷痕，到處蔓生的竹枝爬則有如撒網捕魚般，把他們絆陷其中；地面上還橫七豎八地躺了一大片枯死的樹木，因此要不是得手腳並用鑽爬過去，就是得冒險從枯死樹幹上方攀行。有時，會一連十分鐘都腳不著地，而且他們的位置又相當高（離地五、六公尺），因此他們忍不住開起玩笑，一邊爬，一邊大聲喊出「水深」多少。

卡斯特羅為智魯威島的古都，圖為城中的老教堂。

一個阿勞坎印第安人（Araucanian Indians）家庭。

最後，他們終於很失望地投降認輸了，帶著纍纍傷痕回到船上，繼續向南航行。

捕鯨船員命不該絕

當小獵犬號在靠近崔斯蒙特斯角（Cape Tres Montes）的荒涼海岸附近奮力掙扎前行時，發生了一樁奇特的插曲。

惡劣的天候把他們逼進一個小港灣中，這時他們萬分驚訝地看到陸上似乎有人在傳送危難信號。他們連忙派了一艘小艇上岸，接回兩名落難海員。對方共有六人，原本屬於一艘美國籍捕鯨船，十五個月前被棄置在這裡，從此只好在這片崎嶇空曠的海岸邊遊蕩，一籌莫展。十五個月來，除了河鼠和鹿之外，半點兒人跡、獸跡全無。最令人難以置信的是，這批人竟然還能頗精確地計算時日，總共只有四天誤差。

六人當中，有一人不幸墜崖而死，但是剩餘五人全被小獵犬號救回來了，而且大夥發覺他們在經過一整年吃海豹肉、貝類以及野芹菜的日子後，身體狀況比小獵犬號上任選五名海員都強。但是，正如達爾文所說，他們能夠在這種情況下被營救回來，運氣實在好；要不是小獵犬號碰巧發現他們，「他們或許會在這荒涼海岸上一直晃蕩終老，最後命喪於此。」

把這組人接上船後，他們繼續測量海岸，只要港灣許可，就隨處下錨。有一次，他們遇到一大群海豹，彼此「堆疊成一團，睡得死熟，好像一大群豬；但是即使是豬也會因為牠們的骯髒和身上散發出的惡臭而慚愧。」這群海豹發現他們後，忙爬起身，撲通跳進海，一路跟著他們游回小獵犬號身邊，露出非常好奇的神情。後來，他們又遇到一大群海燕，大約數十萬隻，接連好幾小時穿過他們身邊。當海燕棲息時，海面被遮蓋成黑壓壓一片，而且喧囂個不停。

火山爆發

接下來,他們在狂風暴雨中度過了好幾星期,遠離人類文明,然後再度折返智魯威島。1835年1月18日,他們二度於聖卡洛斯灣下錨。就在當天夜裡,他們親眼目睹一百六十公里外陸地上的奧索諾(Osorno)火山爆發。「十二點的時候,值夜人員觀察到一顆好似大星星的東西,然後形狀不斷增大,直到凌晨三點,那時幾乎所有船員都已經爬上甲板來觀看了。當時景象非常壯觀,如果用望遠鏡看,可以見到巨大的紅色閃光中,有黑色物質不停冒出,看起來彷彿先被噴上高空,而後再散落下來。亮光強烈得足以在海面上投下一道長長光影。到了早晨,火山似乎已經恢復了平靜。」

事後他們才驚訝的聽說,就在同一天的晚上,位在北方七百七十公里外,智利境內的阿空加瓜(Aconcagua)火山群,以及同樣位在北邊四千三百公里外的柯西圭那(Coseguina)火山群,也都爆發了。

不過這一切,只不過是一個小前奏而已。

安土可(Antuco)火山口,剛剛開始爆發的情景;安土可火山與奧索諾火山屬於同一火山帶。

09

大地震

地震過後，康塞普森化為一片廢墟。
這幅描繪詳盡的作品是由小獵犬號上的中尉魏克漢所畫。

1835年2月～1835年9月

距離火山爆發的那天晚上將近一個月之後，小獵犬號在南智利海岸的瓦迪維亞城（Valdivia）外下錨。而達爾文也在1835年2月20日，和柯文坦一塊上岸，展開例行的標本採集工作。

他們在蘋果園間逛了一陣子，然後躺在地上稍事休息。忽然間，一陣微風掃過樹梢，說時遲那時快，地面開始震動起來。達爾文和柯文坦連忙一躍而起，但是他們雖然想站直身子，卻覺得頭暈目眩，站不牢。

「一次大地震，」達爾文事後回憶：「瞬間把最古老的地質結構摧毀；整個世界，也就是所有固體物質，好像一塊浮在液體上的硬殼般，在我們的腳下移動。它在短短一秒鐘內，於我們內心引起的那股奇特不安，即使僅幾個小時後回想起來，也再無法激起同樣感受。」至於小獵犬號，船錨曾經鬆開片刻，而且船底被猛撞了一下。

海崩地裂

事實上，這次大地震的震央還在老遠的北方，他們直到駛進了塔卡瓦諾港（Talcahuano），方才明白當時情況有多恐怖。

海灘上殘骸處處，看起來「撞毀了上千艘大船。」爆開的棉花包、動物屍體、連根拔起的樹木、椅子、桌子，甚至連房屋屋頂都被撒得一

地，還有大量岩石墜落在海灘上。

居民事先並沒得到什麼明顯的預警；上午十點，有人見到海鳥成群結隊飛向內陸，港口的狗兒也都往小山上跑。但在當時，沒有人在意這些小事情，再說，海風照例於十一點鐘時吹起。然而，到了上午十一點四十分的時候，震動開始，而且在短短幾秒鐘之內，規模增大到難以置信的猛烈程度。當時情景非常詭異恐怖，地面迅速裂開腳掌寬的縫隙，隨即又合上，同時還伴隨著一陣尖銳的碎裂聲。就在這時，海水由塔卡瓦諾灣湧入。當時，許多船隻正停泊在灣中，計有三艘大型捕鯨船、一艘三桅小帆船、兩艘雙桅帆船以及一艘縱帆船，這下子全都翻倒在一大片爛泥和濕答答的海草間。

到了這個時候，岸上的人們全都驚跳起來，競相奔往高地，擔心還會有更大的海浪。果真，在第一次震動之後約三十分鐘，大浪又來了。帶著嚇人的怒吼聲，一道巨大水牆彷彿正在移動的高山，自海面凌空拔起，橫掃進海灣。在大浪掃過直衝進城的當兒，船上的水手們死命抱住桅杆索具，他們的小命可全都繫在上頭了。大浪襲捲前方所有障礙物——散開的船骨、各式各樣小擺設品、整座房屋連同裡面的家具，甚至包括正在田野上吃草的牛、羊、馬匹。緊接著，這些物件又隨著大浪退回海中，於是，灣裡的船隻底部又再被撞擊一次。

再來是第二個更大的浪拍上岸來，然後同樣退去，緊隨的是第三個更大的浪。海浪發出駭人的響聲。令人驚訝的是，大部分船隻竟然能夠承受這等衝擊。它們相互繞著打轉，彷彿陷進漩渦，其中有些船隻雖遭碰撞，但是錨卻依然牢牢扣著。一艘名叫「可羅可羅」（Colocolo）的智利海軍縱帆船，當時正航進港中，結果竟然很安穩地騎著浪頭滑進深水區。還有好些小型船隻也出現同樣狀況，幸好，它們的主人早已趕在海浪沖散之前，設法逃到海面上。

塔卡瓦諾港以及康塞普森城，在受大地震蹂躪之前的景象。

　　但是有些船隻就沒有這麼幸運了。一艘約九公尺長的縱帆船本來已接近完工，如今卻被大浪由造船台上拔起，扔到城裡的斷垣殘壁之間。另外有名保母帶著一個四歲大的英國男孩（軍艦船長之子），匆匆跳進一艘小艇，希望能及時逃命；孰知小艇卻迎面撞上一只錨，頓時被削成兩半。保母當場溺斃，而小男孩則在好幾小時之後，才被人發現漂流在海面上。儘管全身濕透、一副可憐相，他依然直挺挺地端坐在一片破船板上，而且緊抓著它不放。

地獄之城

　　外海上，海水漸漸變為黑色，看起來好像正在沸騰；煙柱由兩處地方冒出，彷彿在水面爆開似的，同時還散發出令人作嘔的硫磺味，在當地

居民聞來，這簡直就是來自地獄的氣息。大量魚兒都被毒死了。然後，洋面出現一只大漩渦，海流好像被撞擊開，並把自個兒傾倒入下方一只大洞中。在這之後幾天內，每小時依然會出現幾次時高時低的浪潮。

地處內陸的康塞普森城（Concepcion），則在短短六秒鐘內就被徹底摧毀。這兒也一樣缺乏預警；最先是河邊洗衣的婦女駭然發現水流變得汙濁起來，而且水位快速地由她們的腳踝升高到膝蓋。第一次震動並不太嚴重，而大部分人在真正的天搖地動（地表猛烈顛簸、翻騰達兩分鐘之久）開始時，僅僅剛來得及衝出屋外。有人抱緊樹幹，而那些選擇臥倒在地的人則被震得翻來滾去，活像賣藝者在網袋上跳躍般。家禽尖叫驚飛，馬兒站在原地發抖，垂著頭，四腿直直地僵在那裡，有些馬匹連騎師一塊雙雙摔倒。由於煙塵漫天，不大可能看清楚當時的狀況，再說，實際狀況也的確令人難以置信。

大教堂裡厚達一·八公尺的牆壁被震裂，屋頂塌陷，整條街上的房屋也全部震毀。人們發狂似地在煙霧火苗中奔跑穿梭，不斷呼喚瓦礫堆中的家人及朋友。天氣熱得讓人窒息，而且每一震動之前，地底下都會先發出一聲轟隆巨響。這些餘震的頻率約每小時二到三次，強度漸漸減弱，持續了一週左右。

等到小獵犬號駛抵塔卡瓦諾時，一切都已經恢復平靜，但是空氣中卻瀰漫著一股可怕的惡臭，它們是由死魚、動物屍體以及腐爛的海草散發出來的。

費茲羅和達爾文一塊騎馬前往康塞普森。他們發覺沒有一棟房屋完好如初；與其說那些是街道，不如說是一排排的廢墟。災後許多居民都住在茅草屋裡，因為茅草屋是唯一耐過這次地震的建築。因此，窮人都以超高價錢把茅草屋租給富人居住。魏克漢也替坍塌的大教堂繪了一幅很有水準的素描。

變動的地殼

雖然現在不是斤斤計較的時候，但是在他們行進期間，達爾文（想必眼裡閃過一絲得意）還是能夠向費茲羅指出，地表高度顯然較前升高了。升高不多，只不過幾英尺，但是也足以證明地表「確實能夠」從海中升高；而且既然能增高幾尺，為何不能增高一萬英尺？為何不能增高整座山？否則還有什麼其他的解釋能說明他所發現的事實：高山上出現海貝化石層？

這是一場非常嚴重的大地震，是居民記憶中最糟的一次：它共沿著海岸蔓延了六百多公里遠，而且還同時伴隨了一系列火山口大爆發。達爾文推測道，可不可能是因為地球中心為一處猛烈的熔岩火爐，不定期的，火爐就會穿透冷卻的地表，爆發出來？現在，他總算可以很自信地說道：「我們幾乎沒法不做出下列結論，不管這個結論多麼可怕：在某個地區（智利這兒），有一灘巨大的熔融物質，差不多有黑海的兩倍大，分布在一塊固態的地殼下……再沒有任何事物，即使是吹拂的風，能比地表地殼更不穩定的了。」

試想如果這樣的地震發生在英格蘭，那麼所謂帝國、榮光這類玩意兒又有何用？所有的大城市，整個英國文化本身，都可能在瞬間消逝無蹤。

不可思議的人性

不過，費茲羅和達爾文此刻都沒有意願爭辯。他們被眼前的景象嚇呆了，而且當他們在廢墟中探看，與倖存者談話後，方才明白不只是地震本身，人性也是同樣的不可思議。

大部分人都和費茲羅一樣，相信這次災難是上帝的旨意，很可能是

康塞普森城中的大教堂仕強震中，受創嚴重。繪圖者為魏克漢。「東北角出現一大堆斷垣殘壁，廢墟之中，門框和眾多木柱仍然立著，但彷彿漂流在水流中一般。」

為了懲罰人類的罪惡。另外有些人則說到，上回有一名印第安老巫婆路經康塞普森時，被人冒犯，所以她才藉由堵塞火山口來報復他們；而這就是地震發生的原因。

　　達爾文還發覺，這次震災死亡人數之所以不到一百人，是因為當地居民早已習慣一察覺即使是最輕微的震動，就馬上奔到室外，而且他們也總是敞開房門，以免地震來時會擁擠成一團；若非如此，死亡人數將遠遠

超過這個數目。然而,生活雖然過得這般危險緊張,他們還是不願意遷到別處去;現在,他們打算要把家園重建回以前的模樣。

盜賊在塔卡瓦諾非常猖獗。即便就在地震進行當兒,四周躺著垂死的人們,這些怪胎依然待在廢墟裡翻翻撿撿。要是遇到另一次餘震,他們也只不過暫停片刻,在胸口畫個十字架,喊一聲「蒙主垂憐」,就算完事了。

但是,在康塞普森,這場災難卻成為一位消弭社會差異的超級平等主義者。既然富人和窮人都同樣喪失所有身外之物,使得他們更願意善待彼此。然而,等到災難平復後,他們開始察覺,有一樣東西是他們生活中少不得的,那就是錢。城裡大部分的貨幣都已經毀了,如果費茲羅船長打算把船駛到法耳巴拉索去補給,不知方不方便幫他們盡量多載運一些錢回來?

船上陰霾一掃而空

這場大地震對於小獵犬號也起了同樣作用:它把船上氣氛清理了一番。在那之前,船上原本充塞著一股陰鬱之氣,很多人在竊竊談論辭職或開小差的打算。如今從船長以降,每個人都慶幸自己的好運,心情也開朗許多。

達爾文還是專注在他的地質學裡頭。當他們返回法耳巴拉索時,達爾文在好客的考菲爾德那兒待了一陣子,爾後又在1835年3月,再度出發上山去。這真的是一趟非常艱辛的旅程。他計畫要打那條最高、最險的路線來橫過科地耶拉山山脊,也就是從波提約(Portillo)穿到門多薩(Mendoza)。

他隨身帶了兩名嚮導、十隻騾子以及一隻號稱「老嬤嬤」的母驢——她的頸上掛著鈴噹,像是「這群騾子的後母」。他們在寒風中一小時又一

小時地走著，只有在達爾文手握地質鎚攀爬岩石的時候，才能偶爾停頓一下。

達爾文一邊爬，一邊得在這樣的高度下奮力呼吸。到達山脊時，由於空氣實在太稀薄了，連騾子都得每走五十公尺就要停下來稍事休息。智利人推薦洋蔥為治療空氣不足的良方，但是達爾文卻說，對他而言，如果能好好挖到一堆貝殼化石，那就是最好的藥方了。

到了晚上，他們就睡在光禿禿的地上。然而辛苦還是很值得的：「被太陽照得白亮的山峯，出現在漫著薄霧的山谷間，顯得雄偉無比……萬里無雲，看起來如夢似幻、亙古長存。」秋季已接近尾聲，他們一路上遇過好多趕著牲口群下山來的人。這幅冬日已近的景象，逼得他們不得不以「超過適宜地質調查」的速度拚命趕路。

這段旅程也證明了達爾文當時的體能狀況有多棒（可悲的是，他的餘生卻再也不復如此），當他經歷過為期二十四天的旅程後，他說：「我從未在同樣長的一段時間中，這般自得其樂過。」

驛車夫的營火會。

烏斯派拉他山脈（Uspallata）在門多薩北方，「由一道狹長平原或盆地將它和科地耶拉主峯隔開，和智利境內常被提到的山峯一樣，只是更靠些。海拔六千英尺……它是由各種不同的海底熔岩組成的，其間並交替出現火山沙石以及其他明顯的沖積沉澱物。」

　　兩週之後，他又再度啟程，這回是要沿著海岸線，騎馬到距離八百公里外的科肯波（Coquimbo）和科帕坡（Copiapo），他和費茲羅約好，小獵犬號會在那兒接他上船。

　　又一次，他開始擔心自己的花費。他花了六十英鎊橫越安地斯山，現在，他必須再提一百多鎊。帶著罪惡感，達爾文寫信給姊姊蘇珊：「我真的相信，我即使上了月亮也很會花錢。」

　　這一回，他同樣雇了嚮導，買了馬匹和騾子；但是臨到旅程結束時，他把馬和騾都賣了，得到的錢只比總花費少兩鎊而已。他和嚮導處得很不錯，嚮導是智利的圭索人（guaso），但是達爾文始終不像對彭巴草原的高卓人那麼喜歡他們：「高卓人也許會是個殺人兇手，但仍然是個紳士；而圭索人則是平凡粗俗的傢伙。」

詭異的礦場葬禮

　　沿著海岸走了一週之後，他開始覺得這片光禿禿的荒原很乏味，於是轉進內陸，朝礦山而行。在那兒，人們採用最原始和最不經濟的方法採挖黃色的硫化礦物。

　　滿腦子自由思想的達爾文，著實被礦場的情況嚇了一跳：工人被稱作「埃皮爾」（apire），或是「駝獸」，而他們也真是名副其實。他們駝著九十公斤重的重擔，沿著大部分都是上坡路的Z字形豎坑往上爬。礦場有個規矩：除非位在深度超過一百八十公尺的礦坑中，礦工不得停下腳來喘息。這些人平均每天駝運十二趟，換言之，就是將近一千一百公斤重的礦石，從七十公尺或更深的坑底駝到地面。此外，除了這已是大得驚人的工作量之外，礦場要求他們在搬運礦石出坑之前，先把礦石切成小塊。情況儘管如此惡劣，達爾文很訝異地發現，這些礦工過得顯然很健康，也很快樂。

礦工的服飾相當奇特：一件暗色厚羊毛長衫，配上一條皮圍裙和一條寬大的褲子，腰間繫著色彩鮮豔的腰帶，頭上戴著一頂貼著頭皮的紅色小帽。

某天，達爾文碰到一支送葬隊伍。只見四名男子抬著屍體小跑步，跑了快兩百公尺之後，把屍體交給另外四名男子，他們就可以鬆口氣了──接棒的四名男子剛才是以騎馬方式，趕到前方等待的。「他們就這樣一路前進，一邊用狂野的叫聲相互打氣；這一切加總起來，構成了一幅最詭異的葬禮場景。

安地斯山脈的煉銀及煉銅廠。

腰繫鮮豔腰帶、頭戴緋紅小帽的智利礦工。「經過
數週僻居荒野的日子後,他們一旦參加村裡慶典,
便為所欲為,揮霍無度。」

關塔(Guanta)位在科地耶拉山腳下的科肯波谷地中。

　　到了6月初,他開始啟程走向科帕坡,由於行經之處寸草不生,害得
他們的馬匹完全找不到食物。有一天,他們一連騎了十二小時的路程,但
依然找不到任何草料;馬兒已接連五十五個小時沒有進食了,聽牠們不斷
啃咬著韁繩所繫的木栓,實在讓人難受。在這塊地區,大約每隔二至三年
才下一次雨,居民完全得依賴安地斯山上的暴風雪;一場大風雪可以為他
們降下足夠一年用的水分。

　　6月22日,達爾文總算抵達科帕坡,然後又進行了一趟短暫的山地之
旅後,他便與小獵犬號會合,出發駛往秘魯。

　　這一次,費茲羅並未等在船上;他下船進行自個兒的冒險去了。就
在達爾文離船赴安地斯山時,小獵犬號一直忙著她的智利沿海測量工作。

　　好幾件事加總起來,使得費茲羅再度回復青春活力。他的工作很忙
碌,而且他總是一到了海上,就表現得特別好。再來,位在倫敦的英國海
軍部無疑也自忖對他太嚴厲了些,決定要補償一下。當小獵犬號結束第二
趟康塞普森之旅返回法耳巴拉索時,費茲羅接獲消息說他已經升遷——倫

敦方面捎來訊息，指示費茲羅的官階已從上尉直接升為上校。他自然沒有表現出狂喜的樣子，只是抱怨魏克漢及史多克斯沒能同時晉升；但是很顯然，天底下再沒有任何一件事，能令他這麼開心的了。

費茲羅勇救故人

接下來，又是一件令人神清氣爽的「挑戰者號」（Challenger）事件。這艘英國戰艦不幸在阿勞科（Arauco，位在康塞普森南方）遇上暴風，發生船難。有消息傳到法耳巴拉索，說挑戰者號的指揮官西謨（Michael Seymour）船長和組員當時正受困荒野之中，而且還遭到當地土著為難。

這樁事本應由一艘駐守當地的高級英國戰艦「金髮美人號」（Blonde）負責營救。但是，她的指揮官，一名年長的海軍准將，卻很不願意前去；他說他很不喜歡在冬天跑到下風頭海岸去。[1]

不巧，西謨船長剛好是費茲羅的老友，而費茲羅絕不會坐視老友不管。於是費茲羅登上金髮美人號，與海軍准將激烈爭辯，指稱海岸太危險完全是一派胡言，他們必須立即出發。結果費茲羅獲勝；小獵犬號交由魏克漢掌理，照原訂計畫開往科帕坡，費茲羅本人則親自領導金髮美人號沿海岸而行，在康塞普森灣下錨，然後費茲羅便出發經由陸路，尋找挑戰者號的組員，路程約在一百六十公里外。

這趟旅程危機重重，得費時好幾天。要找對蹤跡頗費思量，而且途中某些河流暗潮洶湧，食糧也不充裕，還隨時有遭印第安人攻擊的危險。馬兒很容易疲困，而費茲羅總是寧願把先前騎的馬兒賣掉，然後再以超高價另買一批座騎──好馬的主人通常都不願意賣掉牠們，因為當印第安人來襲時，只有快馬是唯一的逃脫工具；所以要買好馬，價錢得提得很高。

1　譯注：下風頭海岸不利帆船航行。

　　某天，他們碰到一群智利人，對方帶來一則警訊：有三千名印第安人已經集結起來，打算在智利邊境發動一次突襲；那批印第安人也聽說了船難事件，事實上已經出發準備搶劫船員，只是不巧在路上與另一批友善的印第安人打起來，而被逐退。

　　費茲羅趕緊加快速度。最後他終於找到船難組員，發覺除了兩人之外，全體船員都還活著，只不過很多人都害病了，而且糧食用品也極缺乏。落難船員們在距離沉船地點數公里外，築起一道防禦工事，但是無以數計的老鼠卻不停攻進他們的營帳，每小時得殺好幾百隻老鼠。船員們也變得愈來愈不聽指揮了。

　　當晚，費茲羅和西謨船長暢談到深夜，次日黎明，費茲羅便啟程返回金髮美人號求援。最後，這群人被載回科肯波，那兒有一艘船正等著接他們返回英格蘭。

　　對於費茲羅來說，這一切都很令人鼓舞。或許比較不幸的是，他竟然覺得有必要對那位不甘不願的海軍准將說，他真該接受軍法審判。這句話使得對方勃然大怒，但是費茲羅似乎完全無動於衷。他的職責已盡，他的觀感也已清楚表達，於是他便生氣蓬勃的返回小獵犬號，當時（1835年8月）小獵犬號已駛抵秘魯的卡瑤港（Callao）。達爾文在家書裡寫道：「船長又完全恢復老樣子了。」

航行四年之後

　　現在距離他們離開英格蘭已接近四年，大夥全都渴望回家。早在三個月之前，也就是真正到家之前十八個月，達爾文便寫信給蘇珊姊姊：「我還沒有完全確定，在我回到家鄉的頭個晚上，究竟是要在雄獅旅館過夜，還是要深更半夜去吵醒你們。除此之外，其他一切都已計畫妥當。在我心中，舒茲伯利的每件事物都變得愈來愈大、愈來愈美。」

由臨近卡瑤港的海面，望向利馬。

　　因此，當費茲羅又趕往利馬，去研究一些他認為可能對測量南美洲很重要的古代航海圖以及航海紙時，達爾文顯得有點不耐煩。為了安慰他，費茲羅寫了一張十分愉快的字條：「不要咆哮。耽誤的時間，一定會補回來。行善必須摒除惡意──所以啦，我比平常還要快樂。」達爾文自個兒也去利馬，但卻覺得該地鄉村沒什麼意思，只除了一件前文提過的事例外──「世間事物全都及不上這些猶如美人魚的姑娘。」

　　這一次，他是真的需要好好休息一陣子了。自從大地震發生後，他鞭策自己進行過多次內陸之旅，從早到晚騎著騾子，餐餐都在野外煮食，夜裡就在曠野席地而眠。從法耳巴拉索到科帕坡那八百公里路，可不是什

麼觀光旅遊，也不是小獵犬號其他成員所能了解的；而且他自己也承認，要不是對當地地質有濃厚興趣，那簡直就是「十足的受苦受難。」由於早晨老是被跳蚤吵醒，達爾文已能把牠們視為生活中理所當然的一部分。

　　此外，他還被另一種比跳蚤更險惡的蟲子叮咬——在他騎馬橫過安地斯山時，曾提起有天晚上飽受「班丘加蟲的攻擊」。這種蟲如今被認為是南美錐蟲病（Chagas's disease）的傳播媒介，而這些不祥的叮咬，或許就是造成達爾文後半生健康不佳的原因。他曾逮住一隻這種蟲子，長約兩、三公分，是黑色柔軟的無翅昆蟲。達爾文還研究牠長達數個月之久。只要把蟲子往桌上一放，同時向牠伸出一根手指，「這隻厚顏無恥的昆蟲馬上便會噘起口器，發動攻勢並吸血。」傷口倒不疼，但是蟲子在十分鐘內，會由薄餅般的扁平狀膨漲成圓滾滾的模樣。吸一次血，足以讓這些吸血蟲肥胖四個月，但是「不過兩週之後，牠就完全準備好要吸下一口了。」

生命究竟打哪而來？

　　現在，達爾文對於自己已竭盡所能調查山區地質，十分滿意。於是，他再度把注意力轉向另一個更大的問題，這個問題長久以來一直存在

這隻產於智魯威島的狐狸（*Canis fulvipes*）被達爾文用地質鎚在後腦勺上敲了一記，送掉小命。

他心底：地球上的植物及動物究竟打哪兒來？不同物種又是如何造出來的？

在沿著智利海岸北上途中，他蒐集到一些很有價值的新材料，例如，他曾在智魯威島上看過的一種狐狸，這小傢伙由於太過專心觀看灣中小獵犬號的動作，以致達爾文竟能從容走到牠身後，用地質鎚敲昏牠的腦袋。結果證明牠是一個完全未知的新種。

再來，有一些遠離大陸海岸的島嶼上的老鼠。牠們又是怎樣跑到兒去的？情況可不可能像是這樣：貓頭鷹或老鷹在大陸上捉到活的老鼠，然後把牠們帶到小島上的窩巢裡去餵哺幼鳥，但是有些老鼠卻逃脫了，因此在島嶼上建立起老鼠家族？此外，還有原始人的問題……達爾文腦中不停思索這類事情。

來到卡瑤港（「一個汙穢、醜陋的小海港，」住著一群「墮落的醉鬼」——這是達爾文的看法），達爾文留在船上等待費茲羅從利馬回來。他忙著整理筆記，裝運標本（那隻看小獵犬號看得入迷的狐狸被送往大英博物館），閱讀一些有關太平洋的書籍。「在船上過著寧靜生活，享用美好的晚餐，」他寫信給蘇珊姊姊：「使我變得比前幾個月加倍快活，也更胖了。」

1835年9月7日，他們總算又再度起航了，直接駛向遼闊的太平洋。在太平洋上，他們第一眼看到的陸地是一小群奇特的火山島嶼，名稱叫做加拉巴哥群島（Galapagos），別名迷魂群島（Enchanted Isles）。

10
加拉巴哥群島

加拉巴哥群島上一種專門吃食仙人掌的
雀鳥（*Cactornis scandens*），顧爾德繪製。
在那裡，不同島嶼上的雀鳥，口喙形狀各不相同，
吃的食物也不同。

1835年9月～1835年10月

加拉巴哥群島是繼大溪地之外，太平洋上最出名的熱帶島嶼。它們是在1535年，由巴拿馬主教柏蘭嘉（Fray Tomás de Berlanga）所發現的，現在則屬於九百多公里外的厄瓜多管轄。

早在1830年代，便有將近六、七十名捕鯨人，大多為美國人，每年都會上這兒來補給所需。他們從泉水中補充清水，順便也逮些巨大的陸龜，做為鮮肉的來源（galápago在西班牙文中的意思即為大陸龜）。另外，他們還會到郵局灣去取件，那兒的海灘上擺著一口大箱子，每位捕鯨船長只要看到任何自己有辦法幫忙轉寄的信件，都會一一取走。

就在小獵犬號拜訪該地不久，美國作家梅爾維爾（Herman Melville, 1819-1893）也搭乘「艾曲奈特號」（Acushnet）前往加拉巴哥群島，並且把此一「枯燥雜亂的迷魂群島」寫進小說《白鯨記》裡頭。「除了爬蟲類之外，這兒少有其他動物，」梅爾維爾寫道：「島上主要的生命之音只有嘶嘶聲響。」

海上群魔殿

除了部分實用目的之外，加拉巴哥群島再沒有其他值得讚許的地方；它們不像大溪地群島那般青翠美麗，它們離一般船隻航線很遠（直到

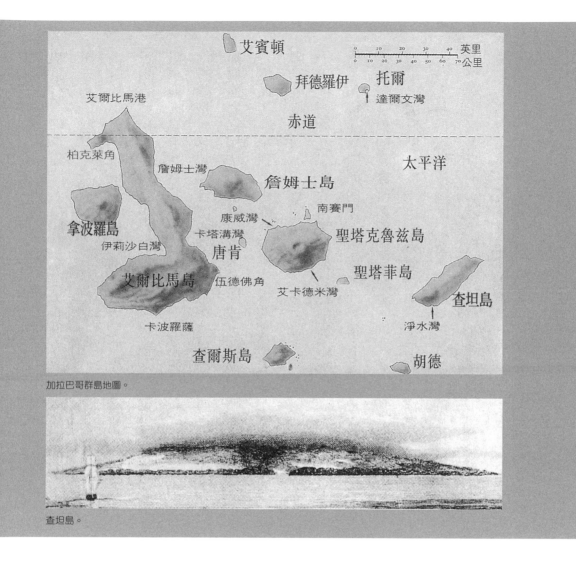

加拉巴哥群島地圖。

查坦島。

現代仍然如此），周圍環繞著變幻無常的海流，而且島上除了厄瓜多政府流放來的政治犯外，也沒有居民。這些島嶼只有一件事最著名：怪異絕倫，和世界上任何一處島嶼都不一樣。去過那兒的人，絕對終身難忘。

對於小獵犬號來說，這裡不過是漫長航程中的一站而已，但對達爾文來說，它的意義遠不止此。因為他就是在這個地方，以最意想不到的方式（就像有人會在旅程中的某輛汽車或火車上，突然產生靈感般），開始

對於這個星球上的生命演化，創出一套連貫一致的觀點。套句他自己的話：「就在這兒，包括空間以及時間，我們似乎被帶領更靠近那個偉大真相，那個謎中之謎：地球上新物種的最初面貌。」

然而，在小獵犬號船員看來，這些島嶼乍看簡直不屬於人間，它們看起來比較像是地獄。小獵犬號首先駛抵查坦島（Chatham Island），群島中最東邊的一座。清風吹拂下，他們看見了一片由醜陋的黑色熔岩構成的海岸，這些黑熔岩生得歪七扭八，四處散落，彷彿是暴風海的化石。熔岩間難得看見一絲綠色，單薄瘦弱的灌木叢看起來好像被雷電劈過似的；東倒西歪的岩石上，則爬滿了令人憎惡的蜥蜴。在這兒，即便是椰子樹（太平洋的典型象徵）也不見蹤影。

頭上是低沉、濕悶的天空，眼前是一叢狀似煙囪的火山錐，它們令達爾文聯想起老家英格蘭士洛普夏的鑄鐵工廠，島上甚至還漂浮著一股燃燒氣體的味道。「一處適合當作群魔殿的海岸，」費茲羅如此評論：「煉獄之所在……」

不過，當小獵犬號於1835年9月15日停泊在聖史帝芬港（St. Stephen's Harbour）時，大夥卻結結實實地運動了一番。鯊魚、陸龜和熱帶魚就在他們四周蹦跳著，水手們不必花多少時間，就有東西上鉤。「這場運動，」達爾文寫道：「使得人人皆大歡喜；到處都可聽見大笑聲，以及魚兒在甲板上拍打跳躍的聲音。」

當地還有好幾艘美國捕鯨船，其中一艘「科學號」（Science）捕鯨船特別大，船上攜帶的捕鯨小艇超過九隻，立刻吸引住航海專家費茲羅的目光。當她氣勢恢宏的航過海面時，費茲羅認為「她真的是品質超群。」

一組小獵犬號船員率先登上火燙的黑沙灘，熱氣直直穿透厚靴底，燒灼他們的腳板。他們發覺海邊散置了許多小型手推車，原來這些是捕鯨船員用來載運巨龜到艇中的交通工具，而且四處散見的大量龜甲也是曾經

發生大屠殺的明證。費茲羅在粗陋的花園中，看到許多泥龜甲被用來裝盛植物幼苗，做為替代花盆之用。

史多克斯觀察到，有些陸龜似乎很能自得其樂，「牠們在泉水附近的黏土地上，搖搖擺擺地走來走去，東聞聞，西嗅嗅。」這些陸龜的體形都非常龐大，當牠們四條胖腿站直時，有些巨龜的頭部甚至能與人胸齊高。牠們的體重高達兩百公斤或更多，達文曾測量一隻陸龜的腰圍為一百五十公分，背長則為一百三十七公分。至於那些奇形怪狀的大蜥蜴，事實上該稱為鬣蜥，一見人來了，就笨手笨腳地竄開，鑽進地洞裡去。

小獵犬號只在加拉巴哥群島繞行了一個月。每當他們去到一處有趣地點，費茲羅就會放下一小艇的人手，進行探測。

在拿波羅島（Narborough Island）上，陸龜會在夜裡把卵產在沙坑裡，每個沙坑裡下六枚蛋，一次有好幾千隻陸龜上岸產卵。在查爾斯島（Charles Island）有一處流放屯墾區住有兩百名罪犯，他們在高地上種植了甘蔗、香蕉以及玉米。

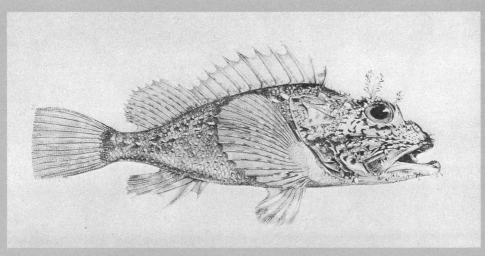

產於加拉巴哥群島的一種魚（*Scorpaena histrio*）。

迷你黑龍海鬣蜥

　　不過，與本書主題最相關的是詹姆士島（James Island）上的那個小組。在這兒，達爾文、柯文坦、白諾以及另外兩名水手，帶著帳篷和糧食用品一塊登陸，費茲羅約好週末會來接他們。

　　達爾文也拜訪過加拉巴哥群島中的其他島嶼，但是因為它們都和詹姆士島大同小異，所以為方便起見，我們可以把相關經驗都歸入這奇特的一週當中。達爾文一行人先在海灘搭起帳篷，鋪好床，放好糧食等備用品後，便開始四處閒逛。

加拉巴哥群島上的海鬣蜥（*Amblyrhynchus cristatus*）。「這是一種面目可憎的動物，外表是髒兮兮的黑色，動作蠢笨遲緩。成蜥身長多半在一碼（約〇·九公尺）左右，但有些個體也會長到四英尺（約一·二公尺）長。」

走近些觀察，海鬣蜥簡直就是龍的迷你翻版，牠們身長〇‧五到一公尺，生著一張下方有囊袋的大闊嘴，還有一條扁平的長尾巴；達爾文把牠們稱作「黑漆漆的小鬼」，因為牠們身上的色澤甚至比居住地的險峻黑岩還要來得烏黑。海鬣蜥經常數以千計地聚在一起；無論達爾文走到哪裡，牠們都會趕緊從他面前逃竄開。

這些海鬣蜥什麼都怪。牠們從不往內陸跑超過十公尺；牠們要不是趴在岸上曬太陽，就是潛到海水裡。一下海，海鬣蜥立刻變成游泳高手，長著蹼的腿挨著身側，快速強力拍動的尾巴使牠們能在水中推進。就著清澈的水，可以看見牠們在近水底處巡遊，而且牠們還可以在水底潛游相當久；有名水手曾在一隻海鬣蜥身上綁了重物，然後把牠丟進海裡，一小時後，才把牠釣起來，發現牠竟然還是活跳跳的。達爾文和白諾曾經用手術刀剖開一隻海鬣蜥，檢查過牠胃部的內含物，確定牠們的主食為海草。

然而，就像有些水手一樣，這些海洋動物卻很憎恨大海。達爾文曾經拉住一隻海鬣蜥的尾巴，把牠扔進一大池海水中，這些海水是退潮後留在岩石間的。誰知牠立即游回陸上。再一次，達爾文把牠捉住扔回去，而牠也再度爬回來。不論達爾文怎樣做，這傢伙就是不願留在海裡，於是達爾文只好結論道：牠害怕海裡的鯊魚，而且每當受到驚嚇，就會本能地逃到岸上，因為那兒沒有牠的天敵。牠們的交配季節為11月，那時，牠們會換上求愛的色澤，而且身邊會圍繞著一群後宮佳麗。

大笨龜排隊暢飲

住在海邊的其他生物也各有各的怪異之處，像是不會飛的鸕鶿、企鵝以及海豹，都是寒冷海洋區域的動物，不知道為何會跑到這片熱帶水域來居住？此外，還有一種紅蟹老在海鬣蜥的背上衝來衝去，獵蝨子吃。

達爾文和柯文坦一塊往內陸走去，來到一群散生的仙人掌間，發覺

產於加拉巴哥群島的巨大陸龜（*Testudo nigra*）。「這些巨型爬蟲類置身在黑色熔岩、光禿禿的灌木叢以及高大的仙人掌之間，我不禁把牠們想像成太古時期的動物。那些數量稀少、色澤黯淡的小鳥，對我的注意也並不比對巨龜來得多。」

兩隻巨龜正在進餐。牠們真是聾得可以，竟然沒有注意到這兩個人。等到兩人出現在巨龜眼前，牠們才立即大聲嘶叫起來，並趕緊把頭縮回去。

這些陸龜又大又重，你不可能提得動牠們，甚至連翻轉牠們都辦不到——達爾文和柯文坦曾經試過。反觀牠們則可輕易駝起一個大男人。達爾文爬上龜背，覺得好像坐在一張不停抖動的椅子上，但是他卻沒有辦法阻止巨龜前進；據他估計，巨龜十分鐘能爬行五十五公尺，也就是說時速三百三十公尺，那麼一天大約可爬行超過六公里，「如果路上扣除一點時間讓牠用餐的話。」

巨龜們正朝著一處地勢較高的清水泉爬去，而且有許多寬大的路徑也都自四面八方齊聚通往這個點。不久，達爾文和柯文坦便發覺自己處身在兩行很奇特的隊伍中：有些陸龜往上走，有些往下，牠們全都沿著隊伍很從容地爬行，偶爾停下來嚼一嚼路邊仙人掌的嫩葉。這樣的行伍從白天持續到黑夜，而且看起來彷彿已經持續了數不清的歲月。

兩人來到更高處後，發覺好像置身在另一個截然不同的地方，空氣中瀰漫著來自雲霧的水氣，周圍還有高大的樹木以及羊齒植物、蘭花和青苔等。至於泉水邊，一隊陸龜牠們全都喝飽了水，正安靜地離去，另一隊陸龜則把脖子伸得老長，渴切的朝水源方向挪動。「完全不理會旁觀者，巨龜把頭探入水中，連眼睛都沒進水裡，貪婪的大口猛喝，速度大約為每分鐘十口。」牠們喝了又喝，那模樣彷彿不是一天，而是一個月沒有喝過水似的；事實上，牠們確實如此。

雄龜和雌龜長得很不一樣，雄龜體形較大，尾巴也較長；逢到交配季節，雄龜會發出馬兒般的嘶吼聲，一百公尺外都聽得見。「雌龜從來不使用她們的嗓音，」達爾文簡單地說道。

這些大笨龜完全沒有防身之道。捕鯨船經常數以百計地捕捉牠們，充作船上的鮮肉糧食，而達爾文也毫無困難地逮到了三隻小陸龜，稍後並

水手試圖用撐篙來翻轉巨龜。

運到小獵犬號上，活生生的帶回英格蘭。

　　同樣的，自然界裡的危險也經常臨到牠們身上，例如專吃腐屍的鷲鷹，會從天而降攻擊剛出殼的小陸龜；此外，達爾文也經常遇到老巨龜的屍體，牠們因為年老力衰而失足墜下懸崖。加拉巴哥群島上到處可見廢棄的龜甲。

　　達爾文還發現，烤龜肉很好吃，尤其是按照他曾經看過的高卓人烤犰狳方式——連殼一塊烤。

面惡心善陸鬣蜥

　　島上另外一大特色為陸鬣蜥，體形差不多和海鬣蜥一樣大，體長一公尺算是很平常的，樣貌甚至更醜；牠們背上長著一排刺，而且還穿了一

加拉巴哥群島上的陸鬣蜥（*Amblyrhynchus demarlii*）。「和牠們的海鬣蜥兄弟一樣，陸鬣蜥也是很醜怪的動物，身體下方為黃橘色，背部為棕紅色……沒受到驚嚇到的時候，牠們會把肚皮和尾巴拖在地上，慢慢的爬行。此外，牠們也經常停下腳來，閉上眼，打個一兩分鐘的小盹，打盹時，後腿就這樣叉開在乾巴巴的泥地上。」

件橘黃和磚紅混成的「約瑟彩衣」，看起來好像曾被一雙笨手彩繪上大花點似的。

牠們專吃將近十公尺高的仙人掌樹，而且能夠爬得非常高，以便吃到更鮮嫩的部位。陸鬣蜥總是露出一副饑餓相；有一次，當達爾文朝一群陸鬣蜥拋出一根枝條時，牠們立即蜂擁而上，拉拉扯扯地搶奪起來，就好像群狗爭搶骨頭似的。

牠們的地洞非常之多，達爾文散步時，老是不小心踩到牠們的地洞；而且牠們挖土的速度也是快得驚人，前腳一記快挖，後腳隨即跟上一記。雖說牠們生來一口利牙，以及一副威嚇的表情，然而事實上，牠們從來不會想咬人，「基本上，是一種很溫和且懶散的怪物。」牠們經常獨個兒慢慢地爬著，尾巴和肚皮拖在地上，而且不時會停下來打個小盹。

有一回，達爾文伺機等候其中一隻陸鬣蜥好整以暇地鑽進地底，然

後突然跳出來，揪住牠的尾巴。這傢伙驚訝成分大過惱怒，回過頭來憤憤不平地瞪著達爾文，彷彿在說：「你幹嘛拉我的尾巴？」但是，牠卻沒有攻擊達爾文。

牠們的肉煮熟後呈白色，味道也不太差，無論如何，就像達爾文曾說過的，至少「對那些腸胃沒有偏見的人來說」，味道不差。

新奇鳥兒滿天飛

在詹姆士島上，達爾文共數計到二十六種陸鳥，全部都是沒見過的。「碰到我認為可能很新奇的鳥兒時，我也投下同樣多的注意力，」達爾文寫信給韓士婁道。

這兒的鳥類真是馴良得令人難以相信。由於從未學會害怕人類，牠們只把達爾文當成是另一種無害的大動物，因此每當達爾文經過時，牠們仍安然地立在灌木叢中，動也不動。他曾經用槍托把一隻老鷹打下樹枝。有一次，一隻嘲鶇（mocking-bird）飛下來喝他手中盛著的一小灘水。此外，他在岩石旁的小池邊，只用一根棍子，甚至用他的帽子就可以打到鴿子及雀鳥，而且要多少，有多少。

他引用柯里[1]描述蓬萊仙島的一段話，這是他在1684年寫的：「斑鳩是如此馴良，經常停在我們的帽子及手臂上……牠們一點也不害怕人類。」然而，柯里接著又說道：「在這當兒，有些人卻對牠們開火……牠們就變得愈來愈膽怯了。」就在同一年，丹皮爾[2]也曾經說過，單是一個人在一趟晨間散步裡，便可能殺掉六、七打斑鳩。

在查爾斯島上，達爾文看到一名男孩坐在井邊，手裡握著一根細細的鞭子，當鴿子或雀鳥過來喝水時，他就用這根細鞭子把牠們打死。男孩

1　譯注：柯里（William Ambrosia Cowley），十七世紀的英國海盜，曾在他的環球航海中，探查了加拉巴哥群島。

2　譯注：丹皮爾（William Dampier, 1652-1715），英國海盜，是航海環遊世界兩圈與三圈的第一人，而且他對自然觀察敏銳，也是科學探險的先驅者。

Birds Pl. 46

加拉巴哥斑鳩（*Zenaida galapagoensis*），顧爾德繪製。

加拉巴哥鷹（*Craxirex galapagoensis*），顧爾德繪製。

告訴達爾文，他習慣用這種簡單的方法覓得晚餐。鳥兒們似乎從來就不明白自己遇到了危險。

　　「我們或許可以推論，」達爾文寫道：「在當地動物適應外來者的技巧或能力之前，新到的獵食者必定會大肆蹂躪一番。」

再見，伊甸園

　　不過在當時，加拉巴哥群島大部分的動物都還是很平和地住在一起。達爾文曾親眼看到一隻雀鳥若無其事地吃著一株仙人掌，而同時還有一隻鬣蜥在這仙人掌的另一端啃食。此外在地勢較高、植物較豐沛的區域，也可看到鬣蜥和巨龜一齊享用同一叢漿果。

　　迷人的一週就這樣過去了，而達爾文的採集瓶裡也裝滿了植物、海貝、昆蟲、鬣蜥及蛇。雖說伊甸園不完全像是這個樣子，然而這座島嶼自有一股無邪的味道，而且時光似乎停止流轉；在這兒，大自然本身就是平衡的，這裡唯一真正的入侵者只有人類。

　　有一天，他們沿著海岸走到一只火山口邊，那兒有座形狀非常圓的湖泊。湖水只有將近十公分深，位在一大片閃閃發光的白鹽上，湖邊長了一圈綠油油的植物。不久前，就在這個恬靜優美的地點，一艘捕鯨船上的叛變水手才將他們的船長給謀殺了，而且那副白骨依然靜靜地躺在地上。

　　好在，捕鯨人並非個個都是如此兇殘，事實上，達爾文和白諾就很感謝一艘美籍捕鯨船。當那艘捕鯨船來到這座島嶼時，曾大方地送給他們急需要的三桶水，另外又送他們一籃洋蔥。「美國佬真是大方得出奇，」達爾文在日記中寫道。

　　但是小獵犬號卻不能如達爾文所願，再繼續逗留下去。「這是大部分航海者的命運，每到一地，等你剛剛發現哪兒最有意思，你就得匆匆離去了。」回到小獵犬號，達爾文開始整理標本，很快就警覺到一樁事實：牠們之中，大部分都是獨特的物種，只出現在這些島嶼，世界其他地方都看不到的，而且這項結果也適用於植物、爬蟲、鳥類、魚類、貝類以及昆蟲類。沒錯，牠們與南美洲上的物種相類似，但又有許多相異之處。

　　「實在太令人震撼了，」達爾文稍後寫道：「身邊環繞著新種鳥

類、新種爬蟲類、新種貝類、新種昆蟲、新種植物，還有那數不盡令人窒息的構造細節，甚至包括鳥兒的鳴唱及羽毛，它們將巴塔哥尼亞……上的溫帶平原，或是智利北部的酷熱沙漠，全都活生生的帶到你眼前來。」

雀鳥口喙之謎

他還有另一項發現：物種外形會隨著島嶼而不同，即使其中許多島嶼僅相距八、九十公里。他之所以會注意到這點，起先是因為他比較各個由不同島嶼獵到的嘲鶇，接著擔任加拉巴哥群島副管理員的一位英國人，勞森（Nicholas Lawson）先生宣稱，他只要瞄一眼巨龜，就能看出牠來自哪一個島。因為艾爾比馬島（Albemarle Island）上的陸龜，和查坦島上陸龜擁有不一樣的殼，而牠們兩者的殼又和詹姆士島陸龜的殼不同。

這種效果，在小巧的雀鳥身上更是顯著。雀鳥的長相很平淡，歌聲也很沉悶、缺乏韻律感；牠們全都擁有一副短尾巴，都會構築有屋頂的巢，而且每窩都產四枚白底上有粉紅斑點的蛋。牠們的羽毛變化也很有限，從熔岩般的黑色到綠色，依牠們的棲所而定。其實不只是雀鳥的羽毛如此黯淡，除了黃胸鷚鶇、以及紅簇鶲之外，島上沒有其他鳥類擁有熱帶地區常見的華麗羽色。

但是，最教達爾文困惑的，還是在於雀鳥種類的數目，以及牠們的口喙差異。在某座島嶼上，牠們發展出一副又強又厚的口喙，以便嚼碎果核及種子；在另一座島嶼上，口喙卻變小了些，方便牠們啄蟲子，甚至還有一隻鳥學會利用仙人掌刺來探查洞中的蛆蟲（達爾文把牠們稱為啄木雀鳥）；同樣的，再到第三座島嶼上，口喙形狀又變得剛好適合啄食水果和花朵。

很顯然，這些鳥兒各自在不同的島嶼上，找到方便牠們取食的不同食物，經過好幾世代之後，牠們會按照需求來調整自己。由於和其他類別

（上圖）厚喙雀鳥實例之一（*Geospiza strenua*）。
（下圖）四種加拉巴哥雀鳥的口喙相對比例。

的鳥兒相比，不同種雀鳥間的差異竟然如此之大，這件事實暗示：雀鳥可能是最早抵達加拉巴哥群島的動物。因為曾有一段期間，很可能是一段相當長的時期，牠們很可能都沒有食物和領土方面的競爭者，這種局面使得牠們能夠在自己的系統方向內演化。譬如說，在正常情況下，雀鳥並不會演化成啄木鳥的形式，因為最有效率的啄木鳥已經這麼做了，而且要是產於南美大陸的小型啄木鳥已分布在加拉巴哥群島上，啄木雀鳥更不可能會演化出來才對。

不論是吃食堅果的雀鳥、吃昆蟲的雀鳥、或是吃食水果與花朵的雀鳥，都同樣能在和平的環境裡，演化出最便利的覓食方法。很明顯的，隔離有助於形成新的物種。

天擇理論呼之欲出

這些資料當中還潛藏了一個很重大的原理。當然啦，達爾文並沒能一下子就完全掌握其中含意；例如，在他的日誌第一版印行時，只提到一點點有關雀鳥的現象，然而，牠們的歧異性（diversity）以及變形（modification），後來卻成為他的天擇理論中，一項頂大的證據。不過在那個時候，他必定也已體會到，他就快要擁有一項傑出、但具有爭議性的新發現。

在這之前，他仍未公開反對社會上的一般信仰「上帝創造不變的物種」，雖然他可能私底下曾經懷疑過。如今，到了加拉巴哥群島，看到在各個不同島嶼上存有不同型的嘲鶇、巨龜及雀鳥，雖然物種相同，類型卻不同，他不得不質疑當代最基本的造物理論。

事實上，情況還不止這樣；如果當時他腦中縈繞著的這些想法證明屬實的話，那麼，所有已為人所接受的地球生命起源理論，勢必得全盤改寫，同時《聖經》〈創世紀〉本身（亞當、夏娃以及洪水的故事），將變

成不過是一則迷信神話而已。未來可能要花費好多年來研究、調查，才能證明點什麼。但是，至少在理論上，所有的拼圖碎片似乎正在開始吻合起來。

他幾乎不可能不把他的想法透露給費茲羅，只不過可能是採用純理論的試探性方式；而且我們根據這兩位仁兄日後的信件來看，他們當時可能有過小小的爭辯。而我們也可以假想他倆坐在狹小的船艙中，又或者，你若覺得場景應該改在船尾甲板上也可以；總之，在他們駛離加拉巴哥群島之後，一個風平浪靜的晚上，他倆相互傾訴自己的想法，帶著年輕人的活力，熱切地想要說服對方，同時也希望挖掘到真正的真理。

達爾文的推理很簡單：

我們現在的這個世界，並不是在某個簡短時刻裡「創造」出來的；它是從某種非常原始的事物演化來的，而且仍然在改變之中。

此刻，在這些島嶼上，就有一個絕佳的例子，能說明過去發生的事。在相當近期的年代，這些島嶼是因為火山爆發（就像他倆在智利目睹過的），被推擠出海面。起先，島嶼上完全沒有生物。然而，鳥類飛來了，而且在牠們的糞便或是黏在腳上的泥土中，夾帶來種子；有些不怕海水浸泡的種子，則從南美大陸漂流過來；鬣蜥最早可能是靠著浮木運過來的；陸龜則可能是自己渡海而來，之後又發展為陸地動物。

每一種動物來了之後，都按照牠們在島上所發現的食物（植物及動物）來調整自己。凡是沒辦法進行自我調適，或是未能保衛自己不受其他物種攻擊的動物，最後都會絕種。達爾文等人在巴塔哥尼亞找到的那些大型動物骨骸，下場就是如此；牠們曾遭到天敵攻擊，並因而滅亡。所有生物都得接受這個程序。人類之所以能夠生存下來並取得大勝，是因為他比眾多競爭者都來得靈巧和野心勃勃；雖然人類起初也是一種非常原始的動物，比火地島民更原始，甚至比猿猴還要原始。

費茲羅認為，艾爾比馬島「只不過是一堆火山噴積物而已」。

事實上，地球上所有的生命形式，很可能都來自一個共同的祖先。

宗教與科學漸行漸遠

費茲羅想必會認為這些完全是褻瀆神祇的胡言亂語，因為它們全都和《聖經》相抵觸；《聖經》裡明白記載道，人類是上帝按照自己的形象創造出來的，一創造出來就已經很完美了；同時其他所有生物，不論動物或植物，也都是一一個別創造出來的，而且自創造出來後就不曾改變過，只不過有些物種滅絕了，如此而已。費茲羅甚至把雀鳥口喙問題拿來支撐他自己的理論：「這點正是上帝智慧的最佳證明，每一種生物都是按照它們的生存地點而創造的。」

隨著這趟旅程，費茲羅變得愈來愈僵化在他的《聖經》觀點中。他相信，有些事情我們是不必去了解的：關於宇宙起源的解釋，必定永遠都是所有科學研究無法解開的一道謎。但是，到了這個時候，達爾文早已沒法接受這種想法了；他沒法再乖乖的站在《聖經》前面，他必須超越它。文明人注定要不停追問那個最重要的問題：「我從哪裡來？」而且不論他的調查將他引往何方，他都會跟從。說不定，它們會勝過那些盲目信仰，把他帶得更接近上帝。

這樣的辯論是沒完沒了的。事實上，幾乎可以預見這是兩種背道而馳的看法，一個是科學的、冒險的，而另一個則是宗教的、保守的，兩者必定會發生衝突。這項衝突果真發生在二十五年後，在倫敦召開的一次充滿敵意的會議上。

然而，在眼前這個時刻，兩人能做的都只不過是「同意彼此有歧見」而已；達爾文當然不會太過鼓吹自己的見解，而且當時兩名年輕人之間仍存有極大的好感。未來，他們將愈離愈遠，但是此刻他們還是生活在一起，而且仍然相互倚重。為了這趟航程，他們暫時捐棄歧見。

11
歸途

何吉（William Hodges）繪製的「重返大溪地」（*Tahiti Revisited*）。
小獵犬號的返鄉航程中，途經大溪地，
達爾文發覺當地景色優美，居民極為好客，他非常喜歡這裡的一切。

1835年10月～1836年10月

小獵犬號現在是一艘歡樂的船。她乘著熱帶太平洋的巨浪，以每天一百五十海里的速度前進，駛往回家的路上。

他們的運氣非常好，就在她即將駛離加拉巴哥群島時，遇上一艘來自圭亞基爾（Guayaquil）的小型縱帆船，船上載了一大包要轉給他們的郵件。而且新鮮肉品來源不虞匱乏——十八隻活巨龜正四腳朝天，躺在小獵犬號後甲板上。

費茲羅整天忙著撰寫有關這次航程的報告。「船長一天比一天快樂；現在他以愉快的心情面對眼前的工作。」達爾文也在艙房裡忙著，如今這兒已變成一間小型圖書館，或者你也可以說，它幾乎是一間迷你博物館；艙房所有縫隙裡都塞滿了瓶瓶罐罐的昆蟲與蛇，或是鳥類及其他動物的剝製標本。而達爾文就坐在桌前，和他此後下半輩子的情況非常類似，桌上擺著顯微鏡、解剖工具，以及筆記本。

現在，達爾文快要滿二十六歲了，和四年前離開普利茅斯港時相比，他的外表改變了不少：他長胖了，變得穩重了些，而且他的神態舉止也變得更有自信和權威。

如今，研究占據了他所有的時間。「晚上我幾乎很難入睡，因為老是想著白天的工作，」他寫信告訴蘇珊。他甚至不再花時間去射獵或垂釣

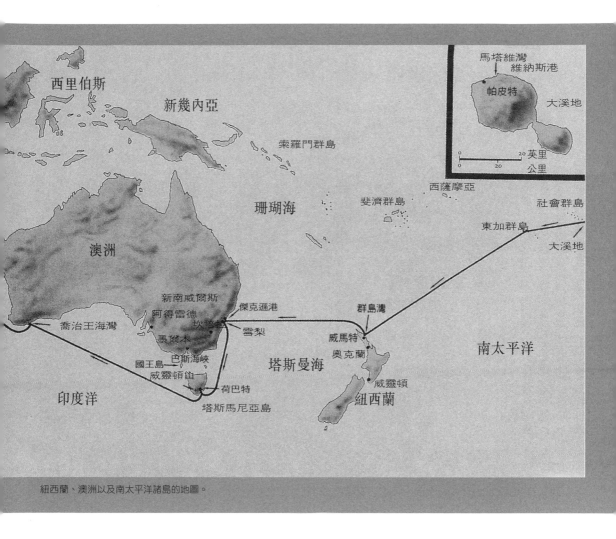

紐西蘭、澳洲以及南太平洋諸島的地圖。

動物,那類工作全留給柯文坦去做。此外,他的模樣也變邋遢了,當初帶上船的那些精緻背心和白襯衫,早已一件件破損、縫補,乃至扔棄了。他現在的穿著打扮更像是水手。

　　小獵犬號的大半任務都已完成,最後她只需要完成環球航行時間的計算即可;因此,船上有一股比較散漫的氣氛,比較像輕鬆的航海旅遊,而非科學探測航程。而且接下來,每度過一段約數週的平靜海洋生活後,他們就會來一次快樂登陸,依序為大溪地、紐西蘭以及澳洲。

馬亭斯的水彩畫作「大溪地帕皮特港」（Papeete Harbour）。

迷人大溪地

順著穩定的信風[1]，他們以二十五天的時間，航過五千一百公里的洋面，由加拉巴哥群島來到大溪地。

1835年11月15日，他們在馬塔維灣（Matavai Bay）下錨，這兒也是六十六年前庫克船長[2]的下錨地點。他們立即被好幾十艘獨木舟團團圍住。當他們在維納斯港（Port Venus）登陸時，迎接他們的是一大群興高采烈、笑呵呵的男女老幼。

「多迷人的大溪地！」達爾文讚歎道，他非常喜歡這一切。他發覺

1　譯注：信風（trade-wind），也稱為貿易風，是從副熱帶高壓持續吹向赤道地區的風；由於地球自轉的關係，北半球吹的是東北信風，而南半球吹的是東南信風。

2　譯注：庫克船長（James Cook, 1728–1779），英國海軍上校，太平洋和南極海洋的探險家。

大溪地的馬塔維灣。1769年，庫克船長的「奮進號」
（Endeavour）就是在這兒下錨的。

大溪地美麗異常，而且當地居民也極為好客：「他們臉上有種溫和的表情，令人馬上忘掉蠻子這個字眼。」

但是很令人意外的，他對當地的女人卻頗失望：「她們的長相……在各方面都比當地男性遜色一大截……大部分男人都有刺青……刺青如此細緻，具有一種非常優雅的效果。其中一項常見圖案有點類似棕櫚的樹冠。刺青從背部中線伸展開來，很優美的繞過兩側。這樣比喻或許有點太具想像力，但我認為這樣裝飾後的男性軀體好比一顆高貴的大樹幹，樹幹上纏滿精美的藤蔓。許多老人還在腿上刺了一些小型圖案，看起來好像穿了襪子……女人的刺青方法和男人雷同，而最常見的是刺在手指上。」

次日天剛破曉，小獵犬號的組員甚至還沒來得及用早餐，船邊就已圍滿了一整圈獨木舟，而且至少有兩百名土著急切地蜂擁上船。每人都隨身帶了些東西來兜售，大部分是貝殼，但是現在他們早已充分明瞭金錢的價值，再不會對釘子、舊衣服之類的東西感興趣了。他們大半都會說幾句英文，於是「便可展開一場蹩腳的對話。」

達爾文用小禮物向一名大溪地人買來一串烤得熱烘烘的香蕉、一只鳳梨和幾顆椰子，而且達爾文對於他「練達的禮儀」很是欣賞，因此便聘

他做為嚮導，陪達爾文上山旅行三天。

　　和驚險且計畫周詳的南美高山之旅相比，恐怕再找不出比這趟大溪地山地之旅差別更大的了。達爾文事先囑咐兩名嚮導要攜帶足夠的糧食衣物，但是他們卻答道，山裡食物很充足，至於遮體的東西也很多。

　　果真，這趟旅程他們過得極為愜意又舒服。當他們停下來準備過夜時，兩名大溪地人只花了一會兒功夫，就用竹子和香蕉葉搭成一間很棒的小茅屋；他們還潛進水中「像海獺似的，張著眼睛觀察魚兒游進哪些小洞或角落，然後再將牠們捉住。」他們用樹葉把魚和香蕉包成一塊綠色的小包，放在兩片火熱的石頭間燒烤，烹煮出極美味的餐點，而且他們也毫無拘束，開懷大吃。「我從沒看過有人吃得下這麼多東西。」

　　在這之前，曾有人告訴達爾文，大溪地人已經變成一個很憂鬱的民族了，生活在敬畏傳教士的陰影中。但是他發覺這些說法完全不正確，

達爾文和費茲羅對大溪地婦女的儀表深感失望，達爾文並認為她們實在非常需要改換比較「得體」些的服飾。

大溪地茅屋的內部景觀。「以『飄羅』（purau，也就是黃槿）枝幹做為輕巧雅緻的骨架，由纖細的柱子支撐著，座落在一塊長橢圓形地面上。這種骨架能蓋出低矮但寬闊的屋頂，屋頂上方則覆蓋著露兜樹的葉片……」[N]

「在歐洲，你若想從一群人中挑出僅及這兒一半快樂的面孔，恐怕都很困難，」他寫道。不過，還是發生了一件可以透露實情的小事件。到了山頂，達爾文拿出他的酒壺，要請兩名嚮同飲；「他們無法下定決心拒絕；但是每當他們喝了一小口之後，就要把手指放在口前，唸一聲『傳教士』。」據猜想，他們可能把它當成類似咒語的東西，來安慰自己的良心。

麵包樹（*Artocarpus altilis*），「由於它那闊大、光滑、掌裂形的葉片，使得它格外搶眼。」

　　星期天，費茲羅率領一隊人員前往帕皮特（Papeete，該島的首府）教堂做禮拜；島上的首席牧師普瑞查（George Pritchard）主持禮拜，他先用大溪地文說一遍，接著再用英文說一遍，而教堂裡也坐滿了「乾淨、整潔的人們」。禮拜結束後，他們再度徒步穿越一叢叢的香蕉、椰子、橘子，以及高大濃密的麵包樹，返回馬塔維。

憂鬱女王波瑪爾

　　費茲羅這趟大溪地之行還負有另一項任務：向女王波瑪爾（Pomare）求償，因為有一艘小型英國船隻曾在兩年前遭大溪地人打劫；賠償金額都已談妥，但是錢一直還沒準備好。他們召開了一場議會，所有頭目都齊聚一堂。「我沒法充分表達出，」達爾文寫道：「我們對於大溪地人表現出來的極佳理性、推理能力、節制、坦誠，以及果斷，是多麼的驚訝，這些特質展現在各方人馬身上……各族首領和族人都決定要清償所欠的金額……次日一早，帳冊便已開列好，為這幕充滿忠誠和節操的卓越場景，畫下一個完美的句點。」

馬塔維附近的大溪地風光，馬亭斯繪製。

討論會結束後，許多酋長都圍攏過來，詢問費茲羅有關船隻和外國的國際法律及慣例，而這項會議的壓軸則是費茲羅邀請波瑪爾女王當晚參觀小獵犬號。在那之前，費茲羅已經晉見過女王，發現她住在一棟非常簡單、沒有什麼風格的宅第中，身邊僅有幾名穿著甚差的「女僕」伺候著，晉見典禮只是握握手而已。費茲羅發現女王神情憂傷且不甚動人，簡直是「一名身材龐大笨拙的婦人。」

話雖如此，當她登上小獵犬號時，仍然受到十分盛大的歡迎：四艘小艇列隊相迎，母船張燈結彩，帆桁上都配備了人員，而且水手們還在她登船時發出三聲歡呼。晚餐後，費茲羅安排了一場煙火節目，然後再由水手們合唱讚美詩。有一回，他們忽然暴出一首相當猥褻的滑稽曲子，翻譯員只好結結巴巴地解釋說，這是一首「海洋之歌」。女王本人始終帶著「一副全然無動於衷的表情」，來接受這一切盛情款待，但是，她在船上一直待到午夜過後才離去。

行經紐西蘭

第二天，也就是11月26日，小獵犬號啟程前往紐西蘭。這一次，他們在海上待了三週以上的時間。「你必須親自航過這片偉大的海洋，才能體會它的遼闊，」達爾文寫道：「……一連好幾週……什麼都沒有，只除

大溪地波瑪爾女王，「一名體形龐大、笨拙的婦人，完全談不上美貌、優雅或尊貴。她只擁有一項皇室特長——任何情況下，皆全然無動於衷的表情，而且還是一種相當陰沉的表情。」

紐西蘭群島灣附近的傳教士屯墾區。

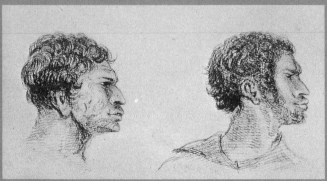

紐西蘭以及喬治王海灣的土著酋長,費茲羅繪製。

一名紐西蘭酋長。「他臉上的線條並非……依個人一時
興起,隨意創造或添加的圖樣,也不是刺青者施以的苦
刑;它們是紋章裝飾圖案。這些圖樣的差異在紐西蘭土
著眼中,遠較我們(文化裡)的徽章圖案在許多國人眼
中的差異,更來得清晰明白……」[N]

了這片一樣藍、一樣深沉的大洋……紐澳地區的子午線也同樣過去了……令人心中升起古老的回憶、孩子氣的疑問及好奇。幾天前,我還將這道空氣似的障礙視為歸鄉航程的一個定點,但是如今我卻發現,它和想像中所有的靜止地點一樣,全都像是影子——人們向它靠近,但永遠無法到達。」

1835年12月21日,他們駛抵紐西蘭北島西北角上的群島灣(Islands Bay)。

他們對這個地方的第一印象並不怎樣。四四方方的小村莊,樣貌整齊的小屋延伸到水岸邊,屬於英國移民所有,這些移民試圖在這塊異域土地上,重塑一座長滿玫瑰、忍冬和野薔薇的英格蘭庭園。達爾文心底有股刺痛的感覺,開始思念起家鄉裡道地的英格蘭庭園。當時灣中還泊了三艘捕鯨船,但是卻散發出一股沉悶、慵懶的氣息;只有一條獨木舟伴在小獵犬號身邊——「和我們在大溪地受到的快活、喧鬧歡迎相較,真是一副不怎麼令人高興的對比。」

他們上岸後發現,甚至還有更令人不愉快的對比。群島灣上的土著在各方面都不如大溪地人,達爾文甚至誇大的說出:「一個是蠻子,一個是文明人。」這裡的土著非常骯髒,他們腦袋中似乎從未想過「清洗」這個字眼;大部分的人身上都披著幾條汙黑的毛毯,而且臉上還紋滿了圖案極為複雜的刺青,這使得他們看起來面目更為可憎。他們個性粗暴,而且也不好客。

見面擦鼻為禮

只有一件令達爾文感興趣的事:當紐西蘭土著們碰面時,習慣相互摩擦鼻子。他們摩擦鼻子的時間,要比西方人熱烈握手為禮所花的時間長得多,而且還會伴隨發出「小小的、愉悅的咕嚕聲。」他很有興致地注意

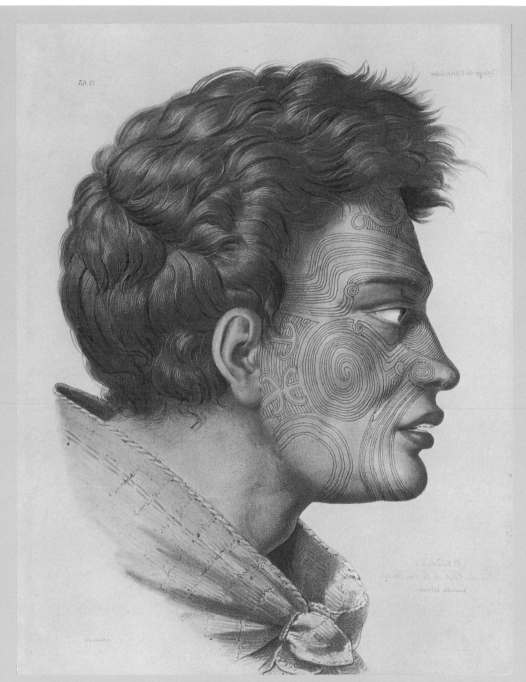

圖中是滿臉刺青的當地土著酋長；大部分的紐西蘭土著，臉上紋滿了圖案極為複雜的刺青，這是他們根深柢固的習俗。

到另一件事：當地主人與僕從間缺乏禮節。雖然主人對奴隸握有生殺大權，但是奴隸還是照樣和任何遇到的人碰鼻子，不論是否當著主人的面，甚至不理會任何先例規章。

對達爾文來說，在紐西蘭逗留期間，拜訪威馬特（Waimate）是一大樂事，這是一處由傳教士建造起來的區域，距離群島灣約三十六公里遠。他要上這兒來，必須先乘小艇，然後步行穿過一片荒涼、無人煙的野地，野地裡盡是茂盛的羊齒植物。

然而當他抵達這座英國農莊，看到大片耕理得井井有條的作物、農場動物，甚至還有一座磨坊時，禁不住滿心歡喜起來。這一切「陳列在那兒，彷彿出自魔法師的巧手。」他對英格蘭的思鄉之情變得更濃郁了，尤其是當他觀賞了教會土著表演的一場板球賽之後。

一位毛利公主的紀念碑。

紐西蘭的毛利土著首領，身上的羽毛披肩代表了他的身分地位。

　　這些土著儀表整潔又健康，使他不由得想起在上一所村莊看到的景象，真是強烈對比。上個村莊酋長的女兒（異教徒）剛剛過世，被直立擺放在兩艘獨木舟之間，而且還放進一塊圈地內，圈裡被塗成大紅色，同時還妝點著各式木刻神像。她的親人都群集圍著圈地，一邊號啕大哭，一邊刮扯自己的身體——「真是令人噁心的骯髒玩意兒。」

　　有一項本地習俗可以說是根深柢固，連傳教士都沒法壓制，即使在教會區也是一樣：大眾的刺青習俗。當一位著名的南島刺青專家到達農莊時，牧師妻子想盡辦法說服擠牛奶的女工不要去刺青，但是她們卻回答道：「我們真的必須要在唇上刺幾條紋路才行，否則等我們老了之後⋯⋯我們會變得非常醜。」

　　由於這段與傳教士交往的經驗，再加上前次在大溪地的經驗，使得達爾文終生都熱中於促進土著改變宗教信仰，而這一點可以說是他和費茲羅的共同點。隔年他們仍在海上航行的時候，兩人合寫了一本小冊子，共同簽名籲請英國政府更大力協助太平洋地區的傳教士。這本冊子是在抵達開普頓時完成的，並於1836年9月刊登在《南非基督徒誌》（*South African*

（左圖）擦鼻禮儀。「我的同伴站在他們中間，一個個輪流調整鼻樑角度對準他們的鼻樑，然後便開始摩擦。擦鼻禮持續時間比我們的熱烈握手禮還要長得多；而且就像我們與人握手時的力道不一樣，他們行擦鼻禮時的力道也有所增減。」（右圖）眾人哀悼逝世的酋長。

Christian Recorder）上，這是達爾文最早的具名出版作品之一。

在紐西蘭短暫停留期間，達爾文得知有一種曾經存在的史前大鳥，叫做恐鳥（*Dinornis robustus*）。關於這種嚇人的動物（牠們直立起來約有三到四公尺高）資料並不多，但是一般推測，牠們是在相當晚近才絕種的。

恐鳥是大自然界的奇特怪例之一，牠們是一種不會飛的鳥；想起加拉巴哥群島上也有不會飛的鸕鶿，達爾文後來結論道：對於居住在海島上的鳥類和昆蟲來說，使用翅膀有可能不利於生存，因為突來的暴風很可能會捲住牠們的翅膀，將牠們刮到大海裡去。

在紐西蘭待九天就足夠了，於是小獵犬號便在12月30日起錨，航向澳洲。「我相信大夥都很高興離開紐西蘭，」達爾文在日記中寫到：「這不是一處令人非常愉快的地方。當地土著缺乏大溪地土著所具有迷人的單純特質，而且當地的英國人大部分都是敗類。」

「鐵鐐幫」社會

兩週後，也就是1836年1月12日，一陣微風伴著他們駛入傑克遜港（Port Jackson）。他們都被雪梨城的規模嚇到了，眼前盡是寬敞的白石屋、風車以及一股普遍繁榮的氣氛。城中心的土地，一英畝售價僅一萬二千英磅；這是「一個會日益富庶的地方；改行當牧羊人，我相信你一定會發財。」

按慣例，達爾文又雇了一名嚮導和兩匹馬到內陸去旅行。路況非常的好，主要得歸功於「鐵鐐幫」，那是一群在武裝警衛監督下，銬著腳鏈工作的罪犯；但是，除了不時出現運送一綑綑羊毛的閹牛車之外，路上行客很少。

他還發現，和他鍾愛的南美熱帶森林比起來，這兒的由加利樹林長

傑克遜港的入口。

馬亭斯的水彩畫作「雪梨之道伊斯點」（*Dawes Point, Sydney*）。

著病懨懨的葉片以及細條狀剝落的樹皮，實在是雜亂荒蕪；「道路兩旁盡是一叢又一叢沒完沒了的矮小由加利植物，」他輕蔑地說。由加利樹林沒有樹蔭，這又是另一大缺點，因為達爾文是在攝氏四十八度的高溫下騎馬，而且還得浸在「好像剛吹過火」的熱風裡。歸途中，他曾在雪梨外的一棟鄉間大宅稍事休息，感到頗為愉快。在這兒，他還遇到了一大群「很淑女的漂亮澳洲女孩——可喜的英國味。」

不過，他並不真的很喜歡澳洲；他認為澳洲的天然景色很單調，而且他也不喜歡這種靠罪犯勞力支撐起來的社會；伺候他的人從前可能因為某項小過錯而遭到鞭打，而且不曾得過任何補償，他覺得這種感覺相當討厭。他眼見罪犯們的生命在不滿足和不快樂的情緒中，消磨近盡，然而移民們卻只在乎聚斂財富。他思考道，除非「非常迫切的需要」，他本人絕不會移民國外。

沒錯，新世界不適合達爾文。但是對於古老世界的事，那個土著和史前動物的太古黑暗世界，就不同了。他發現，澳洲土著其實很富幽默感、很快活，而且非常專精於追蹤、擲矛等技藝，和他們現在所呈現出來的全然退化的種族形象，真是天差地遠。

但是，達爾文也十分明白他們沒有未來。「只要歐洲人的腳步一靠近，」他寫下一句頗能呼應庫克船長想法的話：「死亡似乎便追上了原住民。」原住民的數目早已在快速減少中，而且漸漸在自己的家園中變成異鄉人和遊民。「看到一小堆無家可歸的野人，混在文明人群中遊蕩，不知晚上能睡在哪裡，實在是很古怪的景象。」

還有一件更令人難受的事：當地土著似乎對

澳洲土著酋長。

澳洲原住民。費茲羅很驚訝於「他們的細瘦身材，看起來全無半點脂肪，瘦得幾乎連肌肉都沒有……」

於這種待遇完全逆來順受；他們對於白人施與的小恩惠都感激得不得了，像是借狗供他們去打獵，把屠宰場不要的心肝內臟送給他們，或是送他們一些自家擠的牛奶。

當地動物的命運也是一樣。達爾文在酷熱天候下，騎了好幾小時的馬去獵袋鼠，但是一整天下來，不但沒看見半隻袋鼠，連野狗也沒見到一隻。「幾年前，這兒還充滿了野生動物；但是現在，鴯鶓（emu）已被趕到老遠之外，袋鼠也罕見起來；英國獵犬對於上述兩種動物都具有高度破壞力，牠們的命運已經注定了。」他總算還有點兒運氣；親眼看到好幾隻鴨嘴獸在河裡潛水嬉戲，「牠們的確是一種最奇特的動物。」

思鄉情切

不過，整體而言，達爾文對於離開澳洲，也不覺得難過。到了這個時候，他整個人早已被思鄉病給淹沒了；他一心只想回到英格蘭。

在雪梨的時候，他很難過的發現自己沒有信件；距離上一次收到家書已有十三個月了。他寫信給姊姊道：「我得老實承認，每回看到開往英國的商船，我總會升起一股非常急切的衝動，想要跟著逃跑……我什麼都不想寫，只除了一次又一次的告訴妳們，我多麼渴望能安安靜靜地和妳們坐在一塊兒……我百分之百確信，英格蘭的景色比我曾看過的任何地方都要美麗十倍……我心中有一種囚犯般的感覺，一股不斷的渴望……從早到晚，我都好想大聲的咆哮。」

　　他也對韓士婁寫道：「天啊，我多麼渴望能重享安寧生活，身邊不要任何新奇事物。除非你已經花費五年時間，乘著一艘擁有十門砲的方桅帆船環繞世界一周，否則你不可能體會這種感覺。」

　　還要再過九個月，他才能真正回到家，但是，至少他們已經踏上歸程。一月底，小獵犬號啟程駛往塔斯馬尼亞島（Tasmania）的荷巴特（Hobart），這趟旅程只花了六天。達爾文在荷巴特逮到機會去爬威靈頓山（Mount Wellington），結果辛苦攀爬了五個半小時，他自己也承認是一天的苦工。

　　再次的，他對當地土著的遭遇深感難過，當時這些土著已被驅離家園，遷到巴斯海峽（Bass Straits）的一個小島上，真是「一項最殘忍的措施。」

塔斯馬尼亞島上的威靈頓山。達爾文曾經攀登過，但卻不覺得景色有多美麗、動人。總的說來，他和費茲羅兩人都對紐西蘭與澳洲的天然景色相當失望。

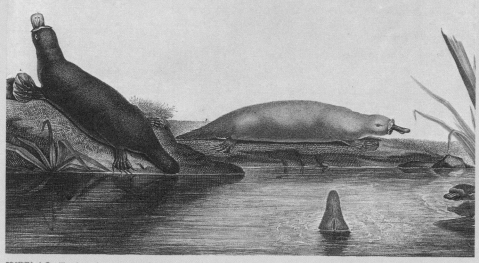

鴨嘴獸（*Ornithorhynchus anatinus*）。

年幼的澳洲海獅（*Neophoca cinerea*）。

產於國王島上的鴯鶓（*Dromiceius diemenianus*），
現今已絕種。

產於喬治王海灣的海鱸魚。

一種小袋鼠（*Sentix brachyurus*），
又名短尾袋鼠。

塔斯馬尼亞島上的荷巴特鎮。

接著，小獵犬號又從塔斯馬尼亞轉往喬治王海灣（King George's Sound），他們在那兒逗留了八天：「在我們的航程中，從沒有度過像現在這般乏味、無趣的時光，」

只除了一樁好運例外，那就是親眼目睹白科卡圖族（White Cockatoo tribe）所表演的土著慶祝舞。「場面實在粗魯、野蠻……但是我們發現黑人婦女及兒童卻看得津津有味……其中有一支舞名叫『鵁鶄之舞』，每名男舞者都伸出一隻手臂，作出彎曲的形狀，模仿那種鳥的脖子。在另一支舞蹈中，由一人模仿袋鼠在樹林裡吃草的動作，然後第二名舞者再爬出來，作勢要用矛擊殺他。當兩群人混合跳成一圈時，隨著他們的大踏步，地面都被震動得起伏，空氣中也來回激盪著野性呼號聲……我們雖然曾經見識過許多神奇古怪的野蠻人生活方式，但是我認為，從來沒見過任何地方的土著具有如此高昂的精力，同時神態又能如此輕鬆。」

（左圖）袋鼠舞。（右圖）另一種土著舞蹈,「舞者側身奔跑,或是成一路縱隊,進入開闊的空地,而且他們在集體前進時,非常用力的踏地。」

　　不過,這已是澳洲的最後一站。3月14日,小獵犬號駛出喬治王海灣,而這一次,達爾文也容許自己說了段誇張的話:「再見了,澳洲!你像是個成長中的孩子……但是你實在太壯大也太有野心,讓人無法疼惜,然而,你又還沒壯大到令人敬畏的程度。我就要離開你的海岸,不帶一絲感傷或留戀。」

璀璨的可可斯群島

　　1836年夏天,小獵犬號往北航經印度洋,來到可可斯群島(Cocos Islands,又名Keeling Islands)。如果說加拉巴哥群島看起來像是地獄,那麼可可斯群島就像是天堂。暗沉沉的海浪拍打在珊瑚礁上;椰子樹和白沙海灘上方,鰹鳥、軍艦鳥和燕鷗盤桓飛翔;而且在那綠得像翡翠般的鹹水湖裡,他們可以看見絢爛奪目的珊瑚花園。皎潔的月光下,馬來婦女在沙灘上載歌載舞,以娛水手。白天,組員們則游泳、釣魚。他們跳到正在鹹水湖中游泳的烏龜背上,騎著牠們在海灘上逛;甚至還把巨型海蛤從海

底拖拉上來，這些海蛤大到有辦法攫住大男人的腳，讓人溺斃。

達爾文和費茲羅結伴上岸遊玩了好幾趟，結果即使是像費茲羅這般無趣的人，也忍不住稱讚眼前的奇景：一隻會吃椰子的螃蟹、一條會吃珊瑚的魚、會捉魚的狗，以及成為捕人陷阱的貝類等，甚至連老鼠都會在高大的棕櫚樹頂做窩。

達爾文觀察這兒的鳥類：鰹鳥棲在牠們那「粗陋的巢中，看起來既愚蠢又暴躁」；有一些燕鷗是「傻傻的小東西」，至於另一些嬌小雪白的燕鷗，生來一對黑色大眼睛，常在他們頭頂上數公尺高處翱翔：「不用太多想像力，就能把這些輕盈、精巧的小軀體，想像為精靈神仙四處遊蕩所寄托的軀殼。」

有些大螃蟹專門食用成熟落地的椰子，牠們生來便擁有兩支強壯的大螯，足以在強韌的椰子纖維外殼上，撕裂出三只小洞。鑿好小洞後，螃蟹會先敲打開其中一只小洞，然後改用第二對比較小的螯來挖取椰肉：稱得上是物種適應周遭環境的絕佳例證。「兩種在自然界裡差距如螃蟹和椰子這般大的物種，竟能在構造上適應得這麼好……我從沒聽過這麼奇特的例子。」至於島民，則習慣從肥美多汁的螃蟹尾部榨油，一隻螃蟹就可榨出〇‧八五公升的油脂。

測試珊瑚理論

在可可斯群島上，達爾文還解決了一個困在心中許久的問題。回溯智利海岸那段旅程，達爾文心底生出一種想法：如果地殼可以上升，那麼應該也可以下降才對；事實上，當安地斯山逐漸隆出海面之際，太平洋海底在漸漸下沉。

1835年10月，當他們由加拉巴哥群島駛向大溪地途中，他就已經寫下一段有關珊瑚島的筆記：「我們看到許多最新奇的環狀珊瑚陸地，就那

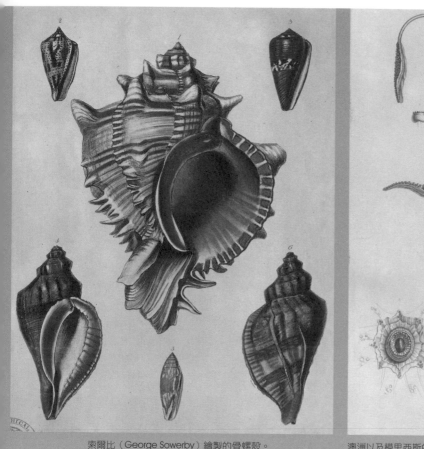
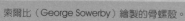
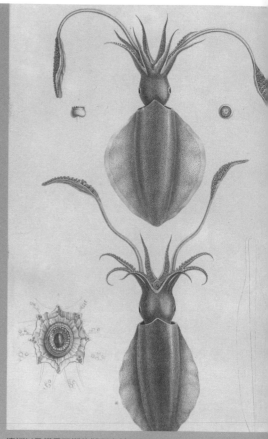

索爾比（George Sowerby）繪製的骨螺殼。　　澳洲以及模里西斯的擬耳烏賊科動物。

樣隆起在水岸邊，它們被稱作潟湖島（Lagoon Island）……這些低矮空心的珊瑚島突兀地冒出海面，它們的面積和遼闊的大海不成比例；然而，在這片被誤稱為『太平』洋的大海中，那些無所不能而且永不止息的大浪，竟然沒有把這些脆弱的入侵者完全吞沒掉，確是一件令人高興的事。」

如今，是測驗萊伊爾理論的時候了。根據萊伊爾的珊瑚理論，環狀珊瑚礁露出水面的部分是鑲嵌在海底火山口的邊緣。

達爾文相信，慣在熱帶水域造礁的小型動物珊瑚水螅，將能對這個問題有所啟示。珊瑚水螅沒法存活在比三十六公尺更深的海域，而且大家都說牠們必須棲息在大陸海岸附近，不然就是棲息在火山島四周。

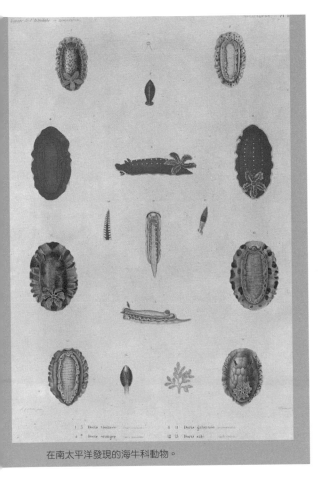

在南太平洋發現的海牛科動物。

達爾文曾經自問：如果發現這些珊瑚礁一直往下延伸到很長的距離，而且所有三十六公尺水深以下的珊瑚都已死亡，那麼是否可以證明海洋底部曾經漸漸下沉，而珊瑚水螅會以跟上海底下沉的的速度向上往洋面方向造礁？現在，他可以實地來測測看這個理論了。

他和費茲羅共乘一艘小艇，來到珊瑚礁外圍，非常仔細地在可可斯群島環礁外圍，進行許多次水深測試。他們發覺，在三十六公尺水深以內，事先備妥的獸脂鉛錘上面會出現活珊瑚的印痕，但是鉛錘本身卻非常乾淨；而後，隨著深度增加，（活珊瑚）印痕愈來愈少，直到最後證明海底是由一層平滑的細沙所構成。

在達爾文看來，這樣的實驗結果顯示，「珊瑚礁的形成」是千萬年以來緩慢的地殼交互運動下的最終產物：島嶼因著海底火山運動而上升，無數的珊瑚蟲開始殖居在島嶼的斜坡上，最後，島嶼又漸漸沉陷到海裡。

他想出三種不同的珊瑚礁形成方式：裙礁（fringing reef）、堡礁（barrier reef）、環礁（atoll reef），全都屬於這場橫亙數百萬年演化流程的一部分。珊瑚的生長速度必定與珊瑚下方的沉陷速度一致，因此會先形

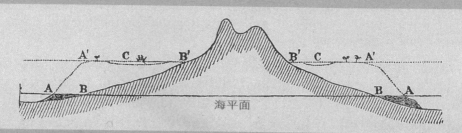

以同一座島嶼的剖面圖，來顯示珊瑚礁形成的三階段。一開始先在島嶼邊緣形成裙礁；島嶼下陷後，裙礁漸漸變成堡礁；等到陸地完全沒入海平面之後，堡礁又變成環礁。
第一階段：AA為裙礁在海平面上的外緣。BB為裙礁島嶼的海岸。
第二階段：經過一段陸地塌陷期之後，珊瑚礁向上生長，形成堡礁，其上還散布了一些小島嶼，A'A'即為堡礁的外緣。B'B'是為新的環狀島嶼的海岸。CC則為潟湖。
請注意：在本張以及下一張板畫中，只能讓「海平面明顯上升」來表達「陸地塌陷」。

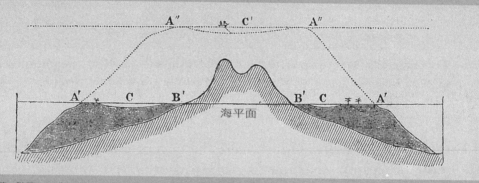

第二階段：A'A'為堡礁在海平面上的外圍，其上有小島散布。B'B'為堡礁內環島嶼的海岸。CC為潟湖。
第三階段：如今堡礁又轉變為環礁，A"A"即為環礁外緣。C'為新生環礁的潟湖。
請注意：以真實尺度而言，圖中潟湖以及潟湖槽的深度均過於誇張。

成堡礁，然後才形成環礁：「經由各式各樣微小、纖弱動物的作用，堆集起一座座的石頭山。」據他估算，要產生一座環礁，起碼需要一百萬年以上的時間。他還注意到潟湖四周的椰子樹全都歪歪倒倒，認為這是珊瑚礁塌陷的證明。

「在某個地方，有一棟小屋，據該地居民斷言，小屋的基樁起碼曾經在高潮線上方七年之久，而如今這些基樁每天都受到潮水沖刷。」對於他的地球不穩定理論來說，這實在是一個極聰明又富戲劇性的證明。

鄉關路遠

現在已是1836年晚春，而他們總算可以真正覺得自己正在回家的途中。「再沒有一艘船像小獵犬號一樣滿載著思鄉成疾的英雄……船長恩威並施地率領大家繼續前行。」

每逢天氣晴朗，達爾文便著手整理筆記本，而他首次發現，要把想法用書寫方式表達出來，相當困難。但是他的興致依然高昂。費茲羅也一樣，每天忙著抄抄寫寫，而組員則很高興船上糧食豐富，例如椰子、家禽、南瓜、以及烏龜等，這些都是小獵犬號從可可斯群島上弄來的。

4月29日，他們抵達模里西斯（Mauritius），這是一座「妝點著優雅至極的氣氛」的小島。達爾文上岸和總督察羅伊德（John Augustus Lloyd）隊長消磨了幾天。很意外的是，羅伊德後來竟然用大象把他載回船去，這頭大象是羅伊德私人擁有的，同時也是島上唯一的一頭大象。

接下來兩個月，他們繞過好望角；惡劣的天候迎面而來，很明顯地，他們想在夏季末抵達英格蘭的希望日益渺茫。他們只在開普頓短暫停留片刻，但是依然拖到7月8日方才抵達聖赫勒納島（St. Helena）。現在，達爾文得面對以下事實：最快也要等到10月才回得了家。他發覺自己很難再忍受旅行這件事；「現在，對我們來說，再沒有一個地方有吸引力了，除非它出現在船尾[3]。」

他們待在聖赫勒納島的五天期間，也只有散步才能令達爾文覺得稍堪忍耐。達爾文在島上的住所離拿破崙的墳墓只有一箭之遙，而他從早到晚都在島上漫遊：「這類漫步是我長久以來最享受的一件事了。」來到亞森欣島（Ascension Island），這座島「好像一艘一直維持一流等級的大船。」

3　譯注：表示正要離開該地。

路易士港（Port Louis），模里西斯的首都。對澳洲風光深感失望後，達爾文發覺「該島景色果然不負期望，就像許多名著中描寫形容的一般美麗。」

　　最後他終於收到家書了，其中一封告訴他一則好消息：塞吉威克教授建議「應該將達爾文列入當代最傑出的科學家行列」；再加上他在亞森欣島看到火山岩，重新燃起他對地質學的滿腔熱誠。「讀過這封信後，我蹦蹦跳跳地在山上攀來爬去，還用地質鎚把火山岩石敲出陣陣回聲。」

　　接近7月的時候，費茲羅忽然決定，為了要完成他的環球時間估算計畫，他必須再繞到南美洲，才能返鄉。「這樣迂迴繞路實在太令人受不了了，簡直要讓我神經崩潰。我憎恨、嫌惡大海以及海洋中所有的船隻。不過，我還是相信我們可以趕在10月底回到英國。」

聖赫勒納島。「這是一個奇特的小世界；島上可居住區域的四周都環繞著一大圈黑色、荒涼的岩石堆，彷彿周圍廣闊大海仍不足以守衛住這塊珍貴的地點似的。」¹

　　事實上，情況比他預估的更為順利。他們在巴伊亞和珀南布科只停留了幾天，然後便在8月19日最後一次離開南美洲。風向對他們有利，六週後，飽經風吹雨打的小獵犬號終於安全駛進航程的終點——英吉利海峽。

　　這天是星期日，費茲羅頂著傾盆大雨，在甲板上帶領船上最後一次禮拜，感謝上帝讓他們平安歸來。至少這一次，達爾文可以熱烈地加入祈禱；他萬分渴望返回自己的家園，返回家人與梅廳表姊們的身邊。「10月2日，我們抵達英格蘭海岸；我在法茅斯（Falmouth）下船，離開小巧但性能優異的小獵犬號——在那兒，我居住了近五年之久。」

12
牛津會議

唐恩小築的背面。
「其實它並不⋯⋯完全像一名德國期刊作家所形容的那般偏僻，
他說我家只有一條騎騾小徑能與外界相通。」[A]

1836年10月～1882年4月

回家途中，達爾文完全沒再耽擱任何時間。當小獵犬號在法茅斯港剛剛停妥，達爾文便衝上岸去，攔下眼前第一部馬車，趕回舒茲伯利老家。兩天後，也就是10月4日，他抵達目的地。

但是，當馬車進得城來，已是深夜時分，就他當時渴望看見親人的熱切心情而言，他實在太好心了，也可能是因為太自律的關係，竟不想在這麼晚的時刻打擾他們。他在旅館裡過了一夜，次日早晨，毫無預告地走回蒙特莊園，正好趕上父親和姊姊們坐定準備用早餐。在一陣尖叫歡呼聲中，他父親別過臉對女兒說道：「怎麼回事，他好像整個變了一個人似的。」

還有一件小插曲令達爾文大樂。他走進庭院中召喚愛犬，就像從前每天早上的慣常動作。狗兒應聲而來，馬上帶頭跑向他們平常散步的方向，完全沒有顯露任何過度的情緒或興奮模樣，就好像他倆上次散步是在昨天，而非五年前似的。

達爾文立刻便動筆寫信給威基伍德舅舅：「我真是樂昏頭了。」而他的愛瑪表姊也在信中寫道：「我們簡直等不及達爾文來訪。」

冒險生涯畫上句點

達爾文後來又再度看到小獵犬號一次：1837年5月，他寫道：「今天我拜訪了小獵犬號。一週後，她又要航向澳洲。看著這條小船，想到我竟然不是其中的一分子，那種感覺實在奇怪極了。要不是因為暈船的緣故，我一定會想再度出航。」

然而，他從此不曾再度出航過；看起來也許令人難以相信，達爾文雖然活到七十三歲高齡，卻從此再也沒有踏出英國一步。主要原因是，自從1838年以後，這名愛好冒險而且看起來非常健壯的青年，雖然只有二十九歲，卻已經開始纏綿病榻。

1842年，他曾到威爾斯去旅行：「這趟旅程……是我最後一次勉強還能爬得上山或是長途步行。」他的兒子法蘭西斯（Francis）在父親回憶錄中寫道：「近四十年來，他沒有過過一天健康正常人的生活，因此，他的生命等於是一場長期抗戰，不斷對抗病魔所帶來的倦怠和虛弱。」

達爾文的病情從來沒有清楚證實過；他在航程中嚴重發作過的疾病可能是病因之一。有些醫生根據達爾文父親極端嚴苛、權威的個性，推測達爾文患的是身心症；其他醫生則認為他必定是染上了南美錐蟲病，病因是他在南美洲遇上的班丘加蟲。或許生物學家朱里安‧赫胥黎的說法比較合理：達爾文的病弱其實是由於精神神經衰弱，和這次航海過程裡的某些疾病（很可能又是南美錐蟲病）加總造成的。

不論他罹患的究竟是什麼病，我們都不能懷疑達爾文在1871年自己說過的：「我從來沒有度過連續一整天二十四小時都舒坦的日子，每天總是有幾個鐘頭不好過。」

但是在1836年，他剛剛從小獵犬號上的狹窄空間解放出來時，卻是個非常活躍和熱情洋溢的青年，根本沒有工夫思考自己的健康問題。而這

達爾文所著《小獵犬號航程誌》的手稿。

也是他一生中最有活力的兩年。他忙著分類整理蒐集到的眾多標本，經常匆匆往來於劍橋、倫敦和舒茲伯利之間。

起初他不太容易得到專家的協助。「在大人物方面，我並沒有多大進展；我發覺他們正如你所說的，自個兒的事情都忙不完了，」達爾文回家一個月之後，寫信給韓士婁說道。

但是韓士婁本人以及萊伊爾卻不斷為他加油打氣，而且透過他倆的影響力，使達爾文獲得一千英鎊的經費，以及編撰厚達五冊的《小獵犬號動物誌》（Zoology of the Beagle），而且還能在倫敦地質學會擔任祕書職位。此外，達爾文也忙著撰寫《小獵犬號航程誌》（Journal of the Voyage of the Beagle），該書於1839年首次發表，是英國海軍部冒險號及小獵犬號測量航程故事三大卷中的第三卷。

神仙眷侶

1837年，達爾文定居倫敦，住的地方離哥哥小伊拉茲馬斯（Erasmus Alvey Darwin）家很近。1839年1月底，達爾文和表姊愛瑪結婚，她是達爾文最喜歡的威基伍德舅舅的么女。

愛瑪非常迷人，比達爾文年長一歲，機智、快活，而且極具音樂素養，她曾經跟隨蕭邦學過鋼琴。她的姨媽西思蒙地夫人（Jessie de Sismoondi）曾說愛瑪將來會「終生快樂嬉戲」，這項預測並不完全正確，因為愛瑪總共生了十個小孩，而且有一個體弱多病的丈夫，然而，事實證明她的確是個賢妻良母。

世間少有丈夫會像達爾文一樣，於婚後三十年還寫道：「我很確

定，在我一生中，從沒聽她說過一句我寧願她不曾說過的話。」至於愛瑪這邊則形容達爾文是「我所見過最為開明、直爽的人，他說的每句話都發自內心。他對父親和姊姊特別親愛、友善，而且脾氣好得不得了，同時還擁有一些能為生活增添更多樂趣的小特質，例如以人道精神對待動物等。」她發現自己沒法進入達爾文的工作，她甚至沒法對達爾文的實驗感興趣，但她也從來不假裝有興趣。

每當他們一道前往聆聽某項科學演講，他就會對她說：「恐怕這對妳來說會非常枯躁。」而她則回答：「也不會比其他的演講更無趣。」達爾文經常引這段對話來打趣；他們顯然彼此相知甚深。

達爾文夫婦新婚時原本住在倫敦的高威街，但是到了1842年，達爾文再沒辦法忍受緊張的都市生活，於是他們舉家遷到倫敦市二十六公里外的市郊肯特郡，住進唐恩小築。

剛開始，達爾文還每隔兩、三週就跑一次倫敦，希望「不致變成肯特鄉巴佬」；但是過了沒多久，他發現連這個

達爾文的妻子愛瑪，根據瑞奇蒙繪製的一幅肖象改繪。達爾文在下定決心是否要成婚之際，對自己寫下這麼一段話：「試想，一位美好、溫柔的妻子坐在暖暖爐火邊的沙發上，或許還有書本和音樂相伴——拿這些與大萬寶路街（他未婚時的寓所）髒兮兮的環境相比。結婚一結婚一結婚吧。」

達爾文的哥哥，小伊拉茲馬斯·達爾文，瑞奇蒙的素描作品。「他的個性非常愉快，而且機智風趣，總是讓我想起蘭姆的書信及作品中所流露的機鋒。」[A]

唐恩小築裡的新書房。

他都受不了，於是便漸漸定出一套終生都不再更改的例行生活方式。他的科學研究時段，永遠是在早晨八點到九點半以及十點半到中午；之後，他認為當日「工作已了」。對他來說，把資料整理成文獻，是最要命的部分；他發覺這是一樁痛苦且不折不扣的苦工。其餘時間他則用來散步、騎馬、休息、沉思、回信以及長達數小時的閱讀。「當我瀏覽一遍我所看過或摘要過的各式書籍名單時，」他後來寫道：「我對自個兒的勤奮大吃一驚。」

他的圖書館變得相當龐大，但是總的說來，這應該算是一間工作用的圖書館；因為他對書籍本身並沒有什麼感情，有時讀到很厚重的書本時，他甚至會把書拆成兩半，以方便捧著閱讀。達爾文的星期天也和其他

日子一樣的過，都是按照預定的時間表作息。

鄉紳科學家

這段期間，達爾文的生活被各項緊急事物占得滿滿的：編輯《小獵犬號動物誌》一書五卷，撰寫一篇有關珊瑚礁的論文（這項工作耗掉他二十個月艱苦的日子），以及永無止盡地改寫、校正他由小獵犬號航程中蒐集來的各項資料。

出版商莫瑞（John Murray）讀過1839年出版的《小獵犬號航程誌》後，立刻就會意到，除了科學上的價值外，這也是有史以來最好的旅遊冒險書籍之一。他一口氣買下所有存貨，裝訂好數冊，分贈給某些頗具影響力的友人。當他發覺，友人全都和他一樣熱愛這本書時，他便以一百五十英鎊買下版權，並於1845年再度印行。

從那時起，這本書的銷售額便穩定成長，最後被翻譯成多種文字，暢銷全球。達爾文非常開心：「第一本著作的成功，總是比自己的其他著作更能滿足虛榮心。」

1846年，達爾文認為他和小獵犬號間的關係已告一段落。同年10月，他寫信給韓士婁：「你無法想像，在完成所有與小獵犬號相關的資料後，我有多麼高興……現在距離我回國已十年了。您的預言，我本來認為很可笑，如今果然成真——你曾說我需要花上兩倍於蒐集和觀察的時間，來敘述這些資料。」

事實上，該趟航程裡還有一個小項目沒能解決，那是一種小巧的蔓腳類動物，又名藤壺，牠們經常附著在船底、碼頭或岩石上，體積不比大頭針大多少。而這種甲殼動物的分類和研究工作，又花了達爾文接下來八年的時間。

如今，工作以無限寬廣的姿態在他面前伸展開來。他有滿腦子的想

法，他對每件事物都有興趣。他研究綿羊、牛、豬、狗、貓、家禽、孔雀、金絲雀、金魚、蚯蚓、蜜蜂以及蠶，同時也研究花朵和蔬菜。

他尤其專注鴿子實驗，而且還參加了兩個養鴿俱樂部；大夥管他叫做「鄉紳」，而他則安然地坐在菸霧繚繞的俱樂部會場中。其中一名會員曾經這樣寫到某種鴿子：「任何貴族和紳士只要有機會體認到杏仁翻飛鴿（almond tumbler）所帶來的驚人的安慰與樂趣……那麼恐怕沒有幾個貴族家裡能少得了鴿籠。」達爾文完全贊成：「飼養鴿子是一件非常偉大、高貴的活動，勝過飼養蛾類、蝴蝶或是其他任何你想得到的例子。」

達爾文非常熱愛實驗，「非得親自試過，我才會安心。」而且，也很喜歡進行他所謂的傻人實驗。例如，有一次，他便要求兒子法蘭西斯靠

唐恩小築裡陳列的畫：左為白頭鴿（bald head pigeon），右為球胸鴿（pouter pigeon）。

近一株敏感植物的葉片，吹奏巴松管；他異想天開，猜想葉片也許會隨著音樂旋律而顫動。

維多利亞式的甜蜜家庭

很少有人願意相信，維多利亞式家庭生活，真的像傳記作家筆下所描寫的那般詩情畫意。但是，在達爾文的例子中，無論是父母、子女、親戚、朋友、熟人，全都留下無可反駁的見證，證明他的確擁有一個真正快樂的家庭。小說家艾吉華絲（Maria Edgeworth）形容達爾文擁有「容光煥發的快活神情」。另一名訪客寫道：「達爾文即使在身體最不舒適的時刻，也一樣親切、友善。」赫胥黎夫人[1]說：「愛瑪比我認識的任何女性都更能鼓舞人心。」

達爾文非常鍾愛子女，他那種親切、仁慈的態度，他們永遠難忘。或許這是由於他曾經承受父親對他的極端威權教育，因此而激起的反作用；無論原因如何，他對孩子們的態度打一開始，就把他們視為獨立人格，這種教育方式在那個年代非常罕見。

達爾文總共育有十名子女，其中七名長大成人，而他們對達爾文全都沒有絲毫畏懼。其中一名子女在四歲大時，曾經企圖用六便士賄賂達爾文，要他在工作時間陪他們玩耍。如果某個孩子病了，那麼很可能出現的畫面是：生病的孩子蓋著密實的被子，捲在達爾文書房的沙發椅上，「以便就近安慰和陪伴。」

達爾文還會撰寫最迷人、窩心的信函。當長子威廉（William）在魯格比獲得一份很不錯的工作時，達爾文寫信道：「我最親愛的老威利（威廉的小名），早上收到你的信，得知這個大好消息，我好久都沒有像今天這樣開心過……聽到你很快樂和滿足，我們真的非常高興……我在晨間散

1　譯注：這裡的赫胥黎夫人，是生物學家朱里安‧赫胥黎（Julian Huxley）的祖母。

步時，經常想到你。」當另一個兒子喬治（George）在劍橋大學榮獲數學考試甲等第二名時，他寫道：「親愛的老兄……我一次又一次恭喜你……你令我激動得手都顫掉起來，幾乎沒法提筆。」

達爾文的第二個孩子安妮（Anne）十歲時在馬爾文去世，他親赴喪禮（愛瑪當時身懷第九胎，即將臨盆，無法前往），即使事過境遷二十五年之後，他一想到安妮，還是忍不住熱淚盈眶。

達爾文家族是一個相當富有的家族，父親死後，達爾文繼承了每年五千英鎊的遺產。在金錢方面，他對孩子相當大方，每逢年底，他的帳戶結算過後，多餘的錢就平分給眾子女。

除非家中有訪客，不然達爾文很少休假；唯一的休假大概就只有在他離家接受「水療法」的時候了，這種療法似乎對他的健康有些幫助，每次大約要花費數週時間。

當工作愈來愈吸引他時，達爾文的其他興趣便漸漸淡下來，甚至還變得惹他厭煩起來。1876年，他寫道，自己「連閱讀一行詩句都受不了……發覺莎士比亞的作品非常無趣，而音樂只會讓我更加憂慮工作而已。」唯一真正能娛樂他的是：聽人大聲朗誦書本，尤其是結局圓滿快樂的小說。同樣這個人，在劍橋求學時，曾經在寢室舉辦莎士比亞讀書會；也曾經從聆聽莫札特和貝多芬的音樂中，獲得最大樂趣；而且這個人在南美洲內陸探險時，口袋裡一定帶著彌爾頓的詩篇。這項「喪失了高層次美感和品味的奇特現象，令人惋惜」，他也發覺這的確非常古怪。但情況就是這樣，「我終生的主要樂趣和唯一的職志，就是在於科學工作。」

費茲羅失意的後半生

達爾文這種生活方式自然不會促使他和費茲羅密切聯繫，事實上，這兩人自從航程結束後，就不常碰面了。

　　1843年，費茲羅奉派擔任紐西蘭總督兼總司令，但是由於他明顯偏袒土著（毫無疑問，一定是他那傳教士本能造成的），使得他非常不討當地白人移民的歡心，結果很快就被海軍部召回英國去了。這件事過後沒多久，雖然他正式獲拔升為海軍中將，但費茲羅仍決定從海軍退休。

　　反觀達爾文的生活，除了健康情況之外，在這段期間一切都呈現穩定向上發展的態勢。可憐的費茲羅，環境和個性因素加總起來，每每令他惱怒、洩氣而已。

　　費茲羅的第一任妻子於1852年去世，四年後，他那年方十六的美麗長女也不幸過世。1857年，他申請經濟部航海部門的海軍首長一職，孰料該職位竟落到蘇利文頭上；二十五年前，這人在小獵犬號上只不過是他的下屬少尉而已。對於像費茲羅這般心高氣傲的人來說，必定很難接受這樣的結果。

　　他是天氣預測方面一等一的專家；事實上，現在航海技術所依賴的整套天氣預測系統，都是由他啟創的。然而，又一次的，他還是受盡苛責，《泰晤士報》的報導甚至過分到這種程度：「這位海軍將官在解說時，使用著一種最罕見的粗魯且模糊不清的方言。」而這一次，他並沒有像許多年前一樣，擁有小獵犬號上眾同志的忠誠支持，以幫他度過類似的沮喪時刻。

　　漸漸的，達爾文與費茲羅的觀點日益分歧：達爾文愈來愈潛心於他的科學理論，而費茲羅則愈來愈堅信《聖經》中每句話的字面真理。他們之間變得連朋友都不如，而他倆於1857年最後一次碰面，費茲羅造訪達爾文，並在唐恩小築待了兩個晚上，結果也是不歡而散；達爾文寫信給姊姊時說道，費茲羅「在用扭曲眼光看待所有人事物方面，擁有超凡入聖的技巧。」

達爾文演化理論誕生

　　不過，就在這時，達爾文生命中的最大危機，也是最大光榮，就要降臨到他身上了。

　　這些年來，自從他親眼看到加拉巴哥群島，開始把他自小獵犬號航程中所獲資料加以分類，並整理各項資料間的相互關係後，他就被「地球上各種生物均是從始祖生命體系分歧演化而成」的信念給「迷住了」（這是他自己的形容）；這些生物並不是一經創造便很完美、不再改變的，而是遺傳和環境創造了新的生命形態。

　　早在1837年，他便開始撰寫第一本有關物種突變的筆記，稍後還變成一系列筆記；而且一年後，當他讀到馬爾薩斯（Thomas Robert Malthus, 1766-1834）的《人口論》（初版於1798年印行）之後，他更加確定自己正在發展的是一個非常重要的想法。由於太重要了，數年後，他把自己的理論撰寫為一份粗略的大綱，同時還附上一封給妻子的信，囑咐她，如果自己突然去世的話，代為發表這份理論大綱。

　　然而，達爾文本人對於發表這個理論，倒是從未採取積極步驟；想必他是充分了解，發表後勢必會掀起多大的風暴，被視為邪說異端。他在自傳中說道，年輕時，在還沒有進劍橋大學之前，他完全不曾「對《聖經》裡的字面真理有過絲毫懷疑」，他回憶，之後當他登上小獵犬號，他還曾經因為「援引《聖經》的話語做為某些道德觀點的絕對權威標準」，而招來船上官兵們的訕笑。

　　因此，要達爾文接受自己的新發現，不可能是件輕易的事；他從小到大被灌輸的宗教觀，必定和他不得不作成的結論發生過一場爭戰。但是他知道自己是正確的。「『懷疑』用一種非常緩慢的速度侵入我心，但是終於完全占據。由於它的速度非常之慢，使得我並未承受太多壓力，而

1853年時的達爾文，勞倫斯（Samuel Lawrence）的粉筆畫作。

且，從此之後，也再沒有片刻會懷疑自己的結論是否真的正確。」

後來經過延伸，他的結論簡單摘要如下：「當每種生物實際出生的個體數目超出可能生存的個體數目時，那麼接著就會產生奮鬥求生的慣性循環；於是，任何個體不論發生多麼微小的、有利自己的變化……都會因此而擁有比較好的生存機會，因此而受到天擇……像這樣保存有利個體的變化及差異，同時除去不利個體的變化和差異，我稱之為天擇（Natural Selection），或是適者生存（the Survival of the Fittest）。」

二十年前，他在巴西熱帶雨林裡看到螞蟻雄兵；他對那些螞蟻雄兵的描述，以及從牠們的行為得出的推論，後來成為這個主題的所有科學研究的基礎。「在這個案例中，」他寫道：「為了要獲得有用的結果，天擇

適用於族群而非個體。」這樣的結果對族群有利，在族群中其實並沒有個體的存在；每一隻螞蟻，幾乎是又聾又瞎，彷彿像大型生物內的單個細胞般運作，完全受控於盲目的本能。

他也記起在同一座雨林裡看到的昆蟲，以及牠們如何把偽裝當成保衛自己的手段。「假設最早有一隻蟲子，碰巧多多少少有點兒像是一根枯枝或是一片枯葉，而這類改變可以是許多不同方式的輕微變異之一，爾後，凡是這類能使該種昆蟲更像枯枝或枯葉的變異，都將被保留下來，而其他的變異最終會喪失；或者說，其他變異如果會使昆蟲與擬態物體更不相像，那麼這類變異將會被消滅掉。」

猶豫二十年

這些可全是邪說異端。對一般基督徒而言，《聖經》裡的每句話仍然是字字真理。十七世紀時，愛爾蘭大主教尤薛爾（James Ussher）以及劍橋大學的萊特福（John Lightfoot）博士，曾藉由一系列神祕的推算，訂出創世的確切日期：西元前4004年10月23日星期天上午九點鐘；而且這項奇特的聲明以十足權威的態勢，刊載於當時風行的《聖經》福音書[2]中。

關於《聖經》詮釋，一直有許多不同流派存在，但是唯獨〈創世紀〉始終擁有神聖不可侵犯的地位：世界是由上帝在六天內創造出來的，人是以祂的形象創造的，世上所有動物也都是在同一時刻創造出來的，而且牠們之所以能逃過（聖經中的）大洪水劫難，完全是因為挪亞將每種動物各取兩隻（一雌一雄）裝進方舟所致。

當然啦，直到現在或許還是有許多人相信這些，但是在維多利亞時代的英國，這些幾乎深植在每個人的意識中心，就像白晝與黑夜般明確、無可懷疑；你若將這些基礎抽走，便等於毀了這個社會，等於嘲弄上帝。

2　譯注：指《新約聖經》中的〈馬太福音〉、〈馬可福音〉、〈路加福音〉、〈約翰福音〉。

難怪達爾文拖延了二十多年，方才敢發表他自己的「異端邪說」，描述遍布於地球上的各種動物的真正起源。在英國，他面對的是社會唾棄的壓力；在歐洲大陸，他甚至可能動輒遭到逮捕，若再早一點兒發表的話，他鐵定要接受偵訊的。

半途殺出華萊士

若不是因為有可能被英國另一名自然學家華萊士（Alfred Russel Wallace, 1823-1913）搶著先機（因為華萊士思考的方向和他一樣），他恐怕還會再這樣拖下去。1858年7月，彷彿晴天霹靂，達爾文收到一封署名華萊士的信函，內容包括一篇文章以及詢問達爾文，如果達爾文覺得這篇文章還不錯，可否轉交萊伊爾。這篇文章的名稱為〈物種有不斷變化之傾向〉（On the Tendencies of Varieties to Depart Indefinitely from the Original Type）。

達爾文一如往常，風度可圈可點。眼見他多年努力的結果可能付諸東流，他那光芒萬丈的新理論可能被人捷足先登，然而他卻毫不猶豫，立刻將這篇文章轉給萊伊爾，同時還附上一封熱誠的推薦信。但是免不了，他還是加上了一句：「所以我的獨創性將全部毀了。」

好在，萊伊爾和英國植物學家胡克（Joseph Hooker, 1817-1911）對於達爾文在這個題材上的研究結果一清二楚，而且早已拜讀過他的理論大綱，因此他們力勸達爾文千萬不能閃到一邊去，他和華萊士一定得一起登場。經過安排，一篇由達爾文與華萊士聯合署名的論文，於次月在林奈學會發表。

一年後，達爾文發表了著作《以天擇解釋物種原始論，或在奮鬥求生過程中有利種族的保存》（On the Origin of Species by means of Natural Selection, or the preservation of favoured races in th struggle for life，即《物種原

始》）。這本書由莫瑞印行，初版一千二百五十冊在發行當天便一售而空。

　　令人驚訝的是，出刊早期並未在社會上引起大風波。除了少數科學家很快選定了自己的立場，大多數科學家都很謹慎地繞著這個新理論打轉，寧可暫時持保留態度。這情形就像胡克事後所說的：「雖然激起強烈興奮，但是這個主題對於老學派而言，畢竟是太新奇也太不祥了點兒，它們不能毫無武裝地加入戰局。」

與神話爭辯

　　然而這個話題終究是太具革命性質了，不可能長久蟄伏，它注定要擾動各地人心。

　　達爾文所說的，或至少所建議的是，世界並非在一週內創造出來的，當然也絕不是在西元前4004年。地球遠比這個年代老得多，它已經變得和最初完全不一樣了，而且還在繼續變化之中。所有動物也同樣改變過；至於人類，不但不是依上帝形象造成，反倒可能是由某種原始得多的動物轉變而成的。簡單來說，亞當和夏娃的故事根本就是一則神話。

　　這真令人難以忍受。人們一想到自己可能得和動物一同歸宗認祖，心中便怒不可遏。他們誤以為達爾文的意思是說，人類的祖先是一隻猿猴。事實上，達爾文的真正想法是，現代人類與現代猿猴，都是由史前時代一支共同祖先系統分歧出來的。

　　早在1844年，達爾文就曾寫信給胡克道：「最後，曙光終於出現，我幾乎確信（和我一開始的主張恰恰相反），物種絕不是恆久不變的（這樣說彷彿是自承犯下謀殺案一般）。」如今，謀殺案曝光了。教會再也不能袖手旁觀。到了1860年，達爾文的書已印行了三版，牧師們群情激動，他們決定要站起來，在同年6月英國科學促進會於牛津舉行的會議上，好

好的打一仗。這場著名的牛津會議召來了大批科學及宗教支持者，爭辯物種起源理論。

整場辯論頗有幾分時光錯亂、甚至荒謬的感覺，似乎並不是發生在上個世紀，而是發生在中古時代。現代人恐怕要經過一番努力體會，才能相信這真的發生過。那時當然有許多科學家，尤其是地質學家，早就在演化論方面獲致不少的進展：例如達爾文的祖父伊拉茲馬斯‧達爾文、布方、拉馬克，以及其他像是亞當斯（Henry Adams，美國歷史學家）這樣「憑直覺相信演化論」的人士。話雖如此，大部分和達爾文同時代的人都很滿足於接受培里（William Paley，英國自然神學家）的理論，認為現存每一種動植物都完全無誤地見證了上帝的巧手。

牛津會議風暴

大批牧師們簇擁前來參加這場會議，由一位令人敬畏的人物所領軍：牛津地區主教韋伯福（Samuel Wilberforce），這人慷慨激昂的口才對於某些人來說，恐怕略嫌油滑，他的綽號就是「滑頭山姆」（Soapy Sam），但是他的影響力卻是相當的大。事前，韋伯福便宣稱他要來「擊垮達爾文」。他背後有解剖學家歐文做後盾，歐文是一名激進的反達爾文主義者，很可能會提供主教有關科學方面的攻擊火力。

達爾文因為生病無法親自出席，但是他有老恩師韓士婁擔任大會主席，同時還有另外兩名熱心的鬥士，老赫胥黎[3]以及胡克助陣。

剛開始，會議步調相當緩慢。從6月28日星期四到29日星期五，討論會上盡是一群小牌科學家嘀嘀咕咕的講著一大堆不相連貫的東西。碰巧費茲羅也參與了這次會議，主要是來宣讀一篇有關英國暴風的論文，他的演講排在星期五。

3　譯注：湯瑪士‧赫胥黎（Thomas H. Huxley, 1825-1895），英國生物學家，是朱里安‧赫胥黎的祖父。

牛津會議召開期間，《浮華世界》雜誌刊登的諷刺漫畫，左圖為牛津主教韋伯福，右圖為生物學家老赫胥黎。

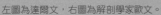
左圖為達爾文，右圖為解剖學家歐文。

MONKEYANA.

AM I A MAN AND A BROTHER?

Am I satyr or man?
  Pray tell me who can,
And settle my place in the scale.
  A man in ape's shape,
  An anthropoid ape,
Or monkey deprived of his tail?

The *Vestiges* taught,
  That all came from naught
By "development," so called, "progressive;"
  That insects and worms
  Assume higher forms
By modification excessive.

Then DARWIN set forth,
  In a book of much worth,
The importance of "Nature's selection;"
  How the struggle for life
  Is a laudable strife,
And results in "specific distinction."

Let pigeons and doves
  Select their own loves,
And grant them a million of ages,
  Then doubtless you'll find
  They've altered their kind,
And changed into prophets and sages.

LEONARD HORNER relates,
  That Biblical dates
The age of the world cannot trace;
  That Bible tradition,
  By Nile's deposition,
Is put to the right about face.

Then there's PENGELLY
  Who next will tell ye
That he and his colleagues of late
  Find celts and shaped stones
  Mixed up with cave bones
Of contemporaneous date.

Then PRESTWICH, he pelts
  With hammers and celts
All who do not believe his relation,
  That the tools he exhumes
  From gravelly tombs
Date before the Mosaic creation.

Then HUXLEY and OWEN,
  With rivalry glowing,
With pen and ink rush to the scratch;
  'Tis Brain *versus* Brain,
  Till one of them's slain;
By Jove! it will be a good match!

Says OWEN, you can see
  The brain of Chimpanzee
Is always exceedingly small,
  With the hindermost "horn"
  Of extremity shorn,
And no "Hippocampus" at all.

The Professor then tells 'em,
  That man's "cerebellum,"
From a vertical point you can't see;
  That each "convolution"
  Contains a solution,
Of "Archencephalic" degree

Then apes have no nose,
  And thumbs for great toes,
And a pelvis both narrow and slight;
  They can't stand upright,
  Unless to show fight,
With "DU CHAILLU," that chivalrous knight!

Next HUXLEY replies,
  That OWEN he lies,
And garbles his Latin quotation;
  That his facts are not new,
  His mistakes not a few,
Detrimental to his reputation.

"To twice slay the slain,"
  By dint of the Brain,
(Thus HUXLEY concludes his review)
  Is but labour in vain,
  Unproductive of gain,
And so I shall bid you "Adieu!"

Zoological Gardens, May, 1861.   GORILLA.

PUNCH'S ESSENCE OF PARLIAMENT.

MONDAY, *May* 6. The Lords had a discussion about the Canal of the Future, that is to say, the impossible trench which M. LESSEPS pretends to think he can cut through the Isthmus of Suez. The Government opinion upon the subject is, that if the Canal could be made, we ought not, for political reasons, to allow it, but that inasmuch as the Canal cannot be cut, the subject may, and the wise course is to let the speculators ruin themselves and diddle the Pacha. This seems straightforward and benevolent enough.

MR. SPEAKER DENISON, who had had a relapse into indisposition, re-appeared, and made his apologies for having been ill. The House cheered him so loudly that he began to think he had done a clever thing, rather than not, in catching the rheumatism. *Mr. Punch* hopes to behold the brave Speaker "astir in his saddle" (as MR. DISRAELI's song goes) in due season, and to see him, like a true Whig, following FOX and avoiding pit.

LORD JOHN RUSSELL made an important reply to an important question from MR. GREGORY. The American Difficulty is beginning to create English difficulties. The North is calling on PRESIDENT LINCOLN to blockade the ports of the South, and the South is sending out Privateers to intercept the commerce of the North. LORD JOHN announced that England can recognise no blockade except a real one, and that she is prepared to regard the South as sufficiently consolidated to entitle her to be treated as a Belligerent, not as a mere rebel, and therefore her right to issue letters of marque must be acknowledged. This is a very prosaic paragraph, but *Mr. Punch* "reserves to himself" the right to be grave, gay, lively, and severe exactly when it pleases him.

Our Daughter ALICE is to have £30,000 down, and £6,000 a year, LORD PALMERSTON remarking, very properly, that she is not our Eldest Daughter, and may not require the same allowance as the future QUEEN OF PRUSSIA, but that it is not for the honour of England that her Princesses should go out as paupers. Quite the reverse, and what is more, *Mr. Punch* insists that all the money be settled on his amiable young friend ALICE, so that she may draw her own cheques, and not have to ask her husband for money every time she wants to buy pins or postage stamps, or a little present to send over to her dear *Mr. Punch.*

Then was the Paper Resolution moved by MR. GLADSTONE. LORD ROBERT CECIL opposed it, and hoped the Lords would reject the Bill to be based on it; MR. LEVESON GOWER approved it, and paraded the

---

《噴趣》雜誌上刊登的歪詩與漫畫，都在諷刺達爾文的演化論思想。漫畫中那隻猿猴身上掛著一個牌子，寫著：Am I A Man and A Brother？改寫自威基伍德家族著名的反蓄奴浮雕上的文字：Am I Not A Man and A Brother？（見第66頁）

但是到了星期六，由於滑頭山姆準備登場，大批人潮湧入會場，有大學生、牧師、科學家，以及他們的老婆，使得會議不得不由尋常的圖書館演講廳，移轉到新大學博物館裡。

開場相當安靜，幾乎可以說是沉悶。來自美國的德雷普（John W. Draper）教授叨叨漫談著「根據達爾文和其他人的觀點，來看歐洲的智能發展」，長達不只一小時，而且在他之後，跟著又上來了三位不比他出色的講者。最後那名講者口音十分怪異，他開始在黑板上畫圖解。「我們暫且把A點當成是人類，」他說道：「而B點則當作是人猴（mawnkey）。」

對於台下那群原本已悶得發慌的大學生來說，這實在太無趣了。他們是想來娛樂一番的，而他們一定得找點樂子才行，即使要他們自個來製造些笑料也在所不惜。「人猴，人猴，」他們開始大聲嘶吼，不讓那名倒楣的講者再繼續說下去。

老赫胥黎舌戰大主教

就在這時，韋伯福在大批隨從牧師的簇擁下進場了，會場立刻一陣騷動，主要原因在於他那身道袍裝束，以及一股自信的主教威儀氣勢。韓士婁請他開講，而他馬上用一連串優美辭句直接切入主題，嘲弄達爾文的「即興理論」：證據在哪裡？達爾文只不過發表了一堆感性的想法，而這些想法完全和《聖經》裡神的啟示相違背。

以上這些話原本都在預期之內，然而主教大人在製造結論高潮時，卻做得太過火了。他轉向講台上一位穿扮很搶眼的人物：身穿薄大衣，脖子上繫著蝴蝶領結，有一頭獅鬃般的黑髮，那人就是老赫胥黎。韋伯福請問他：是否主張自己的祖母或者祖父是由猿猴所生的？

這個場合實在不適合惡意譏諷，再說老赫胥黎也不是好惹的人物。[4]他會來參加這場會議，其實純屬巧合，當天早上他在街上碰到一位朋友，是這位朋友說服他來的。這會兒，聽到主教竟然如此愚昧的舉他當例子，以一句「粗鄙的問句」做為總結，他不禁低聲說道：「上帝把他交到我手裡來了。」老赫胥黎站起身來大聲宣布，他寧願當猿猴的後代，也不願當那些「把文化及口才能力濫用為偏見和說謊工具的文明人」的後代。結果，主教大人不知該怎樣回答才好。

在1860那個年代，沒有人會出言汙衊牧師。因此，一陣騷動隨之暴發。大學生鼓掌叫好；牧師們群情激憤，要求道歉；而坐在窗邊位置上的太太小姐們，則驚駭得頻頻揮動手帕。其中一名貴婦，布魯斯特夫人還嚇得暈了過去，被抬出會場。

昔日好友反目

這時，一件非常有趣的事情發生了。嘈雜人群中，一名頭髮半灰的男士站起身來。他那饒富貴族氣息的削瘦面龐上布滿了憤怒，他高舉《聖經》揮舞著，模樣彷彿一位前來復仇的先知。

真理就在這兒！他叫道，除了這兒別處再也找不到。老早以前，他就警告過達爾文那些思想很危險。要是他早先知道他的船竟然載了這樣一個……

他被群眾大喝倒采，下面的話也被雜音淹沒了。

聽眾中如果有人認出海軍中將費茲羅，聽見他如此激動地告發昔日同船夥伴，想必會心頭一震。事實上這樣的場面不只令人心頭一震，恐怕還有點令人驚駭。遙想當年整樁事件開展之初，費茲羅和達爾文都只是二十來歲的熱血青年，兩人都喜歡有對方作伴，兩人也都全神貫注於他們

4　原注：多年後，英國作家巴特勒（Samuel Butler, 1835-1902）寫了一系列的信攻擊達爾文，老赫胥黎引用德國詩人歌德（Johann W. von Goethe, 1749-1832）的名句「每隻鯨魚身上都有虱子」來反擊。

達爾文、愛瑪，以及他們長大成人的子女（另有三位子女早夭）

達爾文（Charles Darwin）

左為亨莉葉塔・達爾文（Henrietta Darwin），
排行第四；右為威廉・達爾文（William
Darwin），排行老大

愛瑪（Emma Darwin）

法蘭西斯・達爾文（Francis
Darwin），排行第七

羅納德・達爾文（Leonard
Darwin），排行第八

喬治・達爾文（George
Darwin），排行第五

伊莉莎白・達爾文（Elizabeth
Darwin），排行第六

賀瑞斯・達爾文（Horace
Darwin），排行第九

的偉大冒險——為時五年的小獵犬號航程。

　　就在這趟航程上，達爾文首次開始探索他的演化思想，而費茲羅由於不斷和他爭辯，等於是在無意中幫助了他。隨著他們的環球之旅，年輕的達爾文逐步以他的想法來對抗費茲羅的頑強信念，如同密不透風的牆一般，過程就像是打倒教會本身；而且由於這樣強烈的對抗，更加激勵達爾文堅持心中的疑問，展開另一段漫長、艱辛的心靈思緒之旅。

　　現在，事過境遷三十年，要費茲羅站在擠滿吵雜群眾的房間中，聆聽人們為達爾文喝采，那滋味必定相當苦澀。簡直就是顛倒是非！怎麼會變成這樣？這些邪惡的想法為何會四處瀰漫？

　　傷心、難堪又憤怒，他步出會場。在這之後不到五年，在一陣強烈的對正義絕望的情緒中，費茲羅結束了自己的生命。

　　「我常常好奇他的人生會有什麼樣的結局，」達爾文早在1836年時，便在給蘇珊姊姊的信中這樣提到過費茲羅：「有些時候，我相信那一定會是個很光輝燦爛的結局；但在其他時候，我又擔心恐怕會是一個很不愉快的結局。」

　　1865年4月30日，星期天早晨，費茲羅割斷了自己的咽喉；那年他五十九歲。

長眠西敏寺

　　自牛津會議後，達爾文又活了二十二年，而且他的健康情況從此還好轉了些。《物種原始》在全世界發行了許多版，此外他還另外撰寫了八本著作，包括非常傑出的《人類原始》（*The Decent of Man*）。他的名譽穩定揚升：他曾獲頒劍橋大學榮譽博士學位，有一次他到皇家學會參加一項演講，全體聽眾都起立向他鼓掌致意。

　　唐恩小築如今改裝為一所博物館，此外，達爾文博物館及圖書館也

年老的達爾文。1882年冬天，七十三歲的達爾文寫信給一名友人說道：「我的人生旅程已近終點。」

遍布世界各地，包括莫斯科在內；科地耶拉山脈上，有一座山以達爾文命名；在加拉巴哥群島上，有一處生物研究站是由達爾文基金會（Charles Darwin Foundation）贊助支持的。

正如朱里安・赫胥黎所言，達爾文如今被公認是「為現代生物學整體架構奠定基礎」的人，然而，在他有生之年，並未從英國政府手中接獲任何官方榮譽，因為教會的勢力還是很強大，足以防範這類事情發生（雖然達爾文有三個兒子，喬治、法蘭西斯與賀瑞斯，後來獲封爵位）。

達爾文從未停止工作。「等我不得不放棄觀察和實驗的時候，」他說：「我便會死去。」1882年4月17日，他仍在工作；兩天後與世長辭。他安葬在西敏寺，扶柩的人包括老赫胥黎、胡克以及華萊士。

誌謝

　　這本書的緣起是我為Robert Radnitz先生所寫的電影原始故事劇本，內容有一部分是我與妻子合寫的。

　　我想感謝James Fisher先生，好心幫忙校閱手稿；也很感謝皇家地理學會，在圖片方面的慷慨協助。此外，感謝英格蘭皇家外科學院與Hedley Atkins教授，允許我們翻拍唐恩小築的畫作、素描以及手稿。

穆爾黑德

圖片出處

本書內頁所有圖片皆取自英文原著。

書中的圖片，有勞以下三位攝影師翻拍：Derrick Witty、John Freeman 以及Max Dupain。

以下為一些圖片的原始出處：

◆ *The Amazon and Madeira rivers*, by F. Keller, 1874: p.61

◆ *Atlas to Cook's voyages*, 1784: p.97, p.225, p.227, p.230 (below right)

◆ *Atlas zur Reise nach Brasilien in den Fahren 1817 bis 1820 gemacht*, by J. B. von Spix and C. F. P. von Martius, 1823-31: p.63, p.74

◆ *Argentine Ornithology*, by P. L. Sclater and W. H. Hudson, 1888: p.130

◆ *The Botanic Garden*, 1791: p.18 (left), p.66

◆ *Brésil, Colombie et Guyane*, by F. Denis and C. Famin, 1837: p.64 (left), p.67, p.68

◆ *The Flower Garden*, by J. Lindley, 1852-3: p.60 (above left)

◆ *Historia fisica y politica de Chile*, by Claudio Gay, 1854: p.120 (left), p.156, p.157, p.161, p.164, p.168, p.169, p.171, p.173, p.175, p.190

◆ *Journal of researches into the Natural History and Geology of the countries visited during the voyage of HMS Beagle round the world*, by Charles Darwin, 1890: p.59 (left), p.76, p.88, p.124, p.162, p.213 (below), p.246

◆ *Journals of expeditions into central Australia*, by J. Eyre. Photo: Hamish Hamilton: p.242 (left)

◆ *Letters from Buenos Ayres and Chili*, by J. C. Davie, 1819: p.135

◆ *Merveilles de la Nature − Les reptiles et les Batraciens*, by A. E. Brehm, 1885: p.59 (right), p.202, p.204

◆ *A Monograph of the Ramphastidae*, by John Gould, 1832: p.72

◆ *A Monograph of the Trochilidae*, by John Gould, 1850-87: p.60 (below right)

◆ *A Monograph of the Trogonidae*, by John Gould, 1838: p.60 (above right)

◆ *Narrative of the surveying voyages of HMS Adventure and Beagle between the years 1826 and 1836*, by P. P. King, R. FitzRoy and C. Darwin, 1839: p.42, p.51, p.55, p.70, p.83, p.100, p.101, p.103, p.104, p.106, p.107, p.115, p.143, p.150, p.153 (above), p.154, p.155, p.172, p.176-177, p.183, p.199 (below), p.228, p.230 (below left)

◆ *New Zealanders illustrated*, by G. F. Angas, 1847: p.233, p.234

◆ *Pictruesque illustrations of Buenos Ayres and Montevideo*, by E. E. Vidal,

1820: p.108, p.116, p.121, p.122, p.127, p.132-133, p.137, p.138

◆ *Recherches sur les ossements fossiles*, by G. Cuvier, 1836: p.86

◆ *Travels in Brazil*, by Prince Maximilian of Wied-Neuwied, 1820: p.58

◆ *Travels into Chile*, by P. Schmidtmeyer, 1824: p.149, p.185, p.186-187, p.189

◆ *Travels in Chile and La Plata*, by J. Miers, 1826: p.123

◆ *Travels in South America*, by A. Caldcleugh, 1825: p.160, p.193

◆ *The U.S. Naval Astronomical expedition to the Southern hemisphere*, 1855: p.120 (right), p.166

◆ *Vanity Fair*: p.269

◆ *Views in Australia or New South Wales*, by J. Lycett, 1824: p.236 (above), p.239

◆ *Views in the Mauritius*, by T. Bradshaw, 1832: p.248

◆ *Voyage dans l'Amérique méridionale*, by A. d'Orbigny, 1847: p.114, p.129, p.137, p.140, p.141, p.145, p.163

◆ *Voyage autour du monde*, by P. Lesson, 1838: p.45, p.146

◆ *Voyage de la corvette l'Astrolabe*, by J. D. d'Urville, 1830-5: p.46, p.230 (above), p.232, p.240 (middle left), p.240 (below left), p.240 (below right), p.244 (right)

◆ *Voyage de découvertes aux terres australes*, by F. Péron, 1807-16: p.238, p.240 (above), p.240 (middle right), p.241 (below)

◆ *Voyage dans les deux océans*, by E. Delessert, 1848: p.64 (right), p.71, p.226 (left), p.226 (right), p.229, p.242 (right)

◆ *Vues et paysages des régions équinoxiales*, by Louis Choris, 1826: p.56, p.180, p.249

◆ *Zoology of Captain Beechey's voyage*, 1839: p.244 (left)

◆ *Zoology of the voyage of HMS Beagle*, by Charles Darwin, 1840: p.60 (below left) , p.79, p.118, p.145 (below), p.153 (below), p.194, p.197, p.207, p.209, p.210, p.213 (above)

圖説引言出處

[A] *The Autobiography of Clarles Darwin*, edited by Nora Barlow, 1958.

[J] *Journal of researhes into the Natural History and Geology of the countries visited during the voyage of HMS Beagle round the world*, by Charles Darwin, 1890.

[L] Charles Darwin's letters to his family, 1831-6. From *Charles Darwin and the voyage of the Beagle*, edited by Nora Barlow, 1945.

[N] Volume II of *Narrative of the surveying voyages of HMS Adventure and Beagle between the years 1826 and 1836*, by Robert FitzRoy, 1839.

[CD] *Charles Darwin's Autobiography, with notes and letters depicting the growth of the 'Origin of Species'*, by Francis Darwin, 1961.

延伸閱讀

◆ **Barlow, Nora (Ed.)** *Charles Darwin and the Voyage of the 'Beagle'*, New York, 1945. *Darwin and Henslow:* the growth of an idea. Letters 1831-1860, London, 1967.

◆ **Darwin, Charles** *Narrative of the Surveying Voyages of HMS 'Adventure' and 'Beagle' between 1826 and 1836, Vol. III*, London, 1839. *The Structure and Distribution of Coral Reefs (Part I of the Geology of the Voyage of the 'Beagle')*, London, 1842. *Life and Letters of Charles Darwin, ed. Francis Darwin*, London, 1887. *The Descent of Man and Selection in Relation to Sex*, London, 1888. *The Origin of Species*, London, 1888. *More Letters of Charles Darwin*, ed. Francis Darwin and A. C. Seward, London, 1903. *The Voyage of the 'Beagle'*, London, 1906. *The Darwin Reader*, ed. Marston Bates and P. S. Humphrey, London, 1957. *The Autobiography of Charles Darwin, 1809-82*, ed. Nora Barlow, London, 1958. *The Voyage of the 'Beagle'*, ed. Millicent E. Selsam, New York, 1959. *Charles Darwin's Autobiography, with notes and letters depicting the growth of the 'Origin of Species'*, ed. Francis Darwin, New York, 1961.

◆ **Farrington, Benjamin** *What Darwin really said*, London, 1966.

◆ **FitzRoy, Robert** *Narrative of the Surveying Voyages of HMS 'Adventure' and 'Beagle' between 1826 and 1836, Vols. I & II*, London, 1839.

◆ **Grattan, C. Hartley** *The Southwest Pacific to 1900*, Ann Arbor, 1963.

◆ **Huxley, Julian** *The Living Thoughts of Darwin, London, 1958. Charles Darwin and his World (with H. B. D. Kettlewell),* London, 1965.

◆ **Irvine, William** *Apes, Angels and Victorians: a joint biography of Darwin and Huxley,* London, 1955.

◆ **Lack, David** *Darwin's Finches,* New York, 1947.

◆ **'Life' and Lincoln Barnett** *The Wonders of life on Earth,* New York, 1960.

◆ **Litchfield, H. E.** *A Century of Family Letters 1792-1896,* London, 1915.

◆ **Mellersh, H. E. L.** *Charles Darwin: Pioneer of the Theory of Evolution,* London, 1964. *FitzRoy of the 'Beagle',* London, 1968.

◆ **Moore, Ruth** *Evolution,* Morristown, N.J., 1964.

◆ **Wallace, Alfred Russel** *Darwinism,* London, 1889.

◆ **West, Geoffrey** *Charles Darwin, the fragmentary man,* London, 1937.

國家圖書館出版品預行編目資料

達爾文與小獵犬號：物種原始的發現之旅／穆爾黑德（Alan
Moorehead）；楊玉齡譯.——第二版.——臺北市：遠見天
下文化，2009.08

　　面；　公分・——（科學文化；133）
參考書目：面

譯自：DARWIN AND THE BEAGLE

ISBN 978-986-216-382-5（平裝）

1. 自然史　2. 達爾文主義

300.8　　　　　　　　　　　　　　　　　98012532

科學文化 133A

達爾文與小獵犬號
物種原始的發現之旅

原　　著／穆爾黑德
譯　　者／楊玉齡
策 畫 群／林和（總策畫）、牟中原、李國偉、周成功
總 編 輯／吳佩穎
編輯顧問／林榮崧
責任編輯／黃湘玉（第一版）；徐仕美（第二版）
美術編輯／趙圓雍
封面設計／吳瑞敏

出版者／遠見天下文化出版股份有限公司
創辦人／高希均、王力行
遠見・天下文化 事業群榮譽董事長／高希均
遠見・天下文化 事業群董事長／王力行
天下文化社長／林天來
國際事務開發部兼版權中心總監／潘欣
法律顧問／理律法律事務所陳長文律師　著作權顧問／魏啟翔律師
社　　址／台北市104松江路93巷1號2樓
讀者服務專線／（02）2662-0012　傳真／（02）2662-0007；2662-0009
電子信箱／cwpc@cwgv.com.tw
直接郵撥帳號／1326703-6號 遠見天下文化出版股份有限公司

製 版 廠／東豪印刷事業有限公司
印 刷 廠／中原造像股份有限公司
裝 訂 廠／中原造像股份有限公司
登 記 證／局版台業字第2517號
總 經 銷／大和書報圖書股份有限公司　電話／（02）8990-2588
出版日期／1996年9月30日第一版第1次印行
　　　　　2023年11月17日第三版第2次印行

定　　價／450元

原著書名／Darwin and the Beagle by Alan Moorehead
Copyright © Alan Moorehead, 1969
Complex Chinese translation copyright © 1996, 2009, 2019 by Commonwealth Publishing Co., Ltd.,
a division of Global Views - Commonwealth Publishing Group
This edition is published by arrangement with *Peters, Fraser and Dunlop Ltd.* through Andrew Nurnberg
Associates International Limited.
ALL RIGHTS RESERVED

4713510946855（英文版ISBN: 0-14-003327-0）
書號：BCS133A

天下文化官網　bookzone.cwgv.com.tw

※本書如有缺頁、破損、裝訂錯誤，請寄回本公司調換。